KB180299

professional 프로페셔널 마카롱
MACARON

이윤미 지음

professional MACARON

초판 1쇄 발행 2019년 4월 15일
초판 3쇄 발행 2020년 4월 20일

지은이 이윤미(리레케이크)
펴낸이 한준희
발행처 (주)아이콕스

기획·편집 박윤선
디 자 인 장지윤
사　　진 오다윤(dearmooee), 박성영(393Photography)
영　　업 김남권, 조용훈
영업지원 김진아

주소 경기도 부천시 중동로 443번길 12, 1층(삼정동 297-5)
홈페이지 http://www.icoxpublish.com
인스타그램 @ thetable_book
이메일 thetable_book@naver.com
전화 032) 674-5685
팩스 032) 676-5685
등록 2015년 07월 09일 제2017-000067호
ISBN 979-11-6426-003-4

professional
MACARON

Prologue

오래 전 프랑스의 한 제과점에서 예쁘고 작은 과자 마카롱을 한입에 베어 물고 입안 가득 풍기는 매력적인 맛으로 큰 즐거움을 느꼈습니다.
아몬드의 향, 크림의 식감과 풍미, 아름다운 색, 예쁜 모양...
마카롱은 마치 오랜 시절의 문화와 향수를 품고 있는 것 같았습니다.
작은 과자 하나에 내 오랜 고민과 쓸데없는 걱정이 사르르 녹아내리는 것 같았습니다.
그 후 제가 느꼈던 그 즐거움을 사랑하는 사람들에게도 전하고 싶어 마카롱을 만들게 되었습니다. 조금 더 동양인의 입맛에 맞게, 조금 더 예쁘게, 조금 더 맛있게 만들기 위해 애쓰던 것이 지금 리레케이크의 시작이었습니다.
계절과 재료에 민감한 마카롱을 만들면서 '적당함'이라는 단어의 뜻을 매일 되새기게 되었고 마카롱을 만들 때마다 작은 차이 하나에도 달라지는 결과물을 보며 모든 변수를 경험하고 알아야 하기에 매 순간 더 열심히 해야 한다는 낮은 마음을 갖게 되었던 것 같습니다.
오랜 꿈을 잠시 미루고 힘들었던 시절 저에게 마카롱은 새로운 시작이었고 큰 즐거움이었습니다.
<프로페셔널 마카롱>을 접하는 모든 분들의 꿈과 시작에 희망과 도움이 되기를 바라는 마음으로 하나하나 자세한 공정, 정확한 재료 배합과 친절한 레시피로 다가가기 위해 노력을 기울였습니다.
나의 디저트를 사진으로 남겨주신 디어무이 선생님께 감사드립니다. 선생님의 자유로움과 자연 그대로의 감성으로 작업할 수 있어서 저의 마카롱과 디저트를 사진으로 남기는 매 순간이 참으로 행복했습니다. 리레케이크의 마카롱을 좋아해주셔 감사드립니다.
책을 만드는 멋진 일을 하고 계신 박윤선 팀장님과 박성영 실장님, 더테이블 식구들께도 깊은 감사를 드립니다.

2019년 3월, 저자 이윤미

이 책을 활용하는 방법

CLASS 01.

무건조법으로 완성하는 3가지 머랭법

건조하는 시간 없이도 완벽하게 프렌치/이탈리안/스위스 머랭으로 완성하는 무건조 코크 레시피와 한 번에 60개, 120개 마카롱을 만들 수 있는 대량생산법을 소개합니다.

01

프렌치 머랭

CLASS 02.

다양한 테크닉으로 완성하는 코크 레시피

아몬드가루 대신 쌀가루로 완성하는 100% 쌀가루 코크, 색소 대신 천연가루로 색을 내는 다양한 코크, 캐릭터 마카롱을 위한 아이싱 코크, 투톤부터 레인보우톤까지, 코크 조색과 마블링 테크닉을 소개합니다.

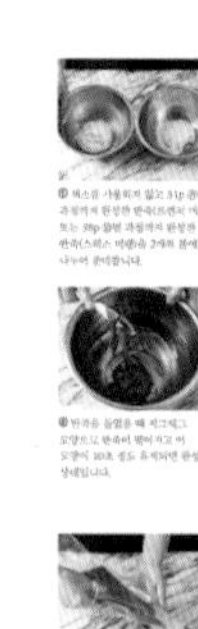

CLASS 03.

필링의 베이스가 되는 버터크림 레시피

다양한 필링으로 응용하기 위한 기본 베이스, 앙글레즈/이탈리안/파트아봄브 버터크림 레시피를 소개합니다.

01

앙글레즈 버터크림

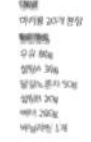

CLASS 04.

다양한 필링으로 완성하는 마카롱 레시피

과일/초콜릿/차와 커피/생캐러멜/마시멜로우/커드/치즈/견과류와 콩/구황작물 등 다양한 필링으로 완성하는 40가지 마카롱과 응용법을 소개합니다.

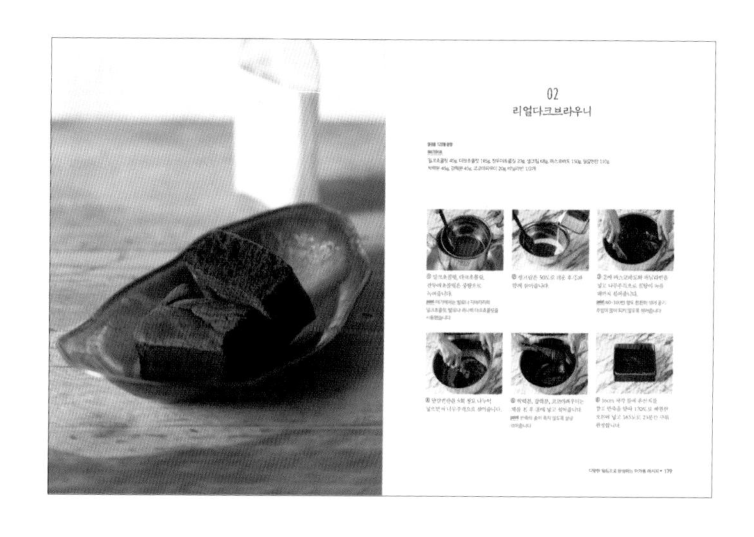

PLUS CLASS.

마카롱에 활용하는 제과 레시피

재료 본연의 맛은 진하게, 식감은 꾸덕하고 쫀득하게 완성해 마카롱의 맛과 식감을 증가시키는 제과 레시피를 소개합니다.

Contens

CLASS 01

무건조법으로 완성하는
3가지 머랭법

macarons

CLASS 02

다양한 테크닉으로 완싱하는 코크 레시피

macarons

Contens

CLASS 03

필링의 베이스가 되는
버터크림 레시피

macarons

CLASS 04

다양한 필링으로
완성하는
마카롱 레시피

macarons

(마카롱의 이해)

- **코크** coque_ 프랑스어로 '껍질'이라는 뜻으로 마카롱 쉘 부분을 말합니다.
- **피에** pied_ 프랑스어로 '발'이라는 뜻으로 코크 밑부분의 주름을 말합니다. 피에는 마카롱 쉘 속이 건조되지 않은 상태에서 겉면만 적절하게 건조될 때 만들어집니다. 반죽이 오븐에서 구워질 때 뜨거운 열기로 인해 건조되지 않은 속 반죽이 건조된 겉면의 반죽을 뚫고 나가지 못하고 상대적으로 덜 건조된 코크 아랫부분을 뚫고 나가 반죽이 부풀어오르게 되면서 만들어지는 부분입니다.
- **필링** filling_ 코크와 코크 사이에 넣는 크림, 잼, 가나슈 등을 말합니다.
- **머랭** meringue_ 달걀흰자에 설탕을 넣어 풍성하게 거품을 낸 것을 말합니다. 코크를 만드는 방법에 따라 프렌치 머랭(30p), 이탈리안 머랭(33p), 스위스 머랭(36p)으로 나눌 수 있습니다. 각각의 머랭법에 따라 코크를 만드는 난이도, 공정, 코크의 식감과 질감이 달라지므로 취향과 필요에 맞게 활용합니다.
- **마카로나주**macaronage_ 머랭에 가루류 재료를 넣고 머랭을 쉽게 사그라트리지 않도록 볼 안에서 반죽을 폈다 모았다를 반복하며 섞어주는 것을 말합니다. 머랭법에 따라 마카로나주를 하는 방법도 달라지니 'CLASS 01. 무건조법으로 완성하는 3가지 머랭법'을 참고합니다.

필링

무건조 코크

코크를 만들 때는 일반적으로 반죽을 짠 뒤 실온에서 일정 시간 건조시킨 후 구워 코크를 완성합니다. 본 책에서는 건조하는 시간 없이 반죽을 짠 후 바로 굽는 무건조법 코크 레시피를 소개합니다. 건조하는 시간을 아끼면서도 피에가 살아 있는 완벽한 코크를 완성할 수 있어 대량으로 마카롱을 만들어야 하는 분들께 유용한 방법입니다.

코크 조색

마카롱은 맛은 물론 눈으로 보는 즐거움도 큰 디저트입니다. 화려한 색감과 다양한 마블링으로 좀 더 다채로운 마카롱을 완성할 수 있습니다. 본 책에서는 사용한 색소(본 책에서는 셰프마스터 색소를 사용하였습니다.)와 마블링 기법을 소개해 다양한 조색에 참고될 수 있도록 하였습니다. 또한 색소를 사용하지 않고 천연가루로 색을 내는 레시피(50p~)도 소개합니다.

오븐에 따른 굽기

오븐은 위아래 열선이 드러나 있는 데크식의 오븐과 사방으로 열풍을 전달하여 순환시켜주는 컨백션 오븐이 있습니다. 두 가지 오븐 모두 사용할 수 있지만 모든 오븐은 오븐 내부의 온도와 다이얼에 표시되어 있는 온도에 차이가 있기 때문에 꼭 오븐 내부에 온도계를 넣어 온도를 체크하는 것이 중요합니다. 따라서 이 책에 표시되어 있는 온도도 오븐 내부의 온도계로 확인하여 구워내는 것이 좋습니다.

이 책의 마카롱은 모두 4~4.5cm 크기의 마카롱으로 구성하였습니다. 만약 4.5cm보다 조금 더 작은 크기의 코크를 구우려면 표기된 시간보다 30초 정도 덜 구워내는 것이 좋으며, 조금 더 큰 크기의 코크를 구우려면 표기된 시간보다 30초 정도 더 구워내는 것이 좋습니다. 잘 구워진 코크는 20분 정도 충분히 식힌 후 테프론시트에서 떼어낼 때 깨끗하게 떨어져 나옵니다. 만약 코크가 덜 익었거나 마카로나주가 오버되어 수분이 맺힌 코크는 식힌 후에도 테프론시트에서 잘 떨어지지 않고 찐득하게 들러붙어 있습니다. 덜 익은 코크는 150도에서 예열된 오븐에서 20~30초 정도 더 구워주는 것이 좋습니다.

마카롱의 숙성

마카롱 완성도에 있어 숙성은 매우 중요한 과정입니다. 마카롱은 완벽하게 밀폐된 상태여야 코크의 수분이 보존되고, 필링 속 수분이 코크로 침투하면서 바삭한 코크가 쫀득하게 됩니다. 완성된 마카롱은 4~5도로 맞춰진 냉장고나 쇼케이스 안에서 24시간 정도 숙성시키는 것이 좋으나 크림치즈류, 고구마, 밤이 들어간 필링을 넣은 마카롱은 숙성 시간이 빠르기 때문에 12시간 정도만 숙성시켜도 좋습니다. 마카롱을 베어 물었을 때 단단한 느낌이 든다면 숙성 시간을 조금 더 늘려주는 것이 좋습니다.

마카롱의 보관

숙성된 마카롱은 밀폐 용기에 넣어 냉장고에 보관하면 3~4일간 맛있게 먹을 수 있습니다. 4일 이상 보관해야 할 경우 밀폐 용기에 넣어 냉동실에서 3주 정도 보관할 수 있습니다. 냉동실의 마카롱은 상온에 10분 정도 꺼내두거나 냉장고에 30분 정도 둔 후 코크가 쫀득해졌을 때 먹어야 최상의 맛을 느낄 수 있습니다.

(도구와 재료)

기본 도구

마카롱을 만들 때는 정확한 공정과 오차 없는 계량에 유의하여 작업하는 것이 중요합니다.
머랭을 올릴 때 사용하는 볼의 사이즈, 핸드믹서의 전력도 마카롱 성패의 변수가 될 수 있습니다.

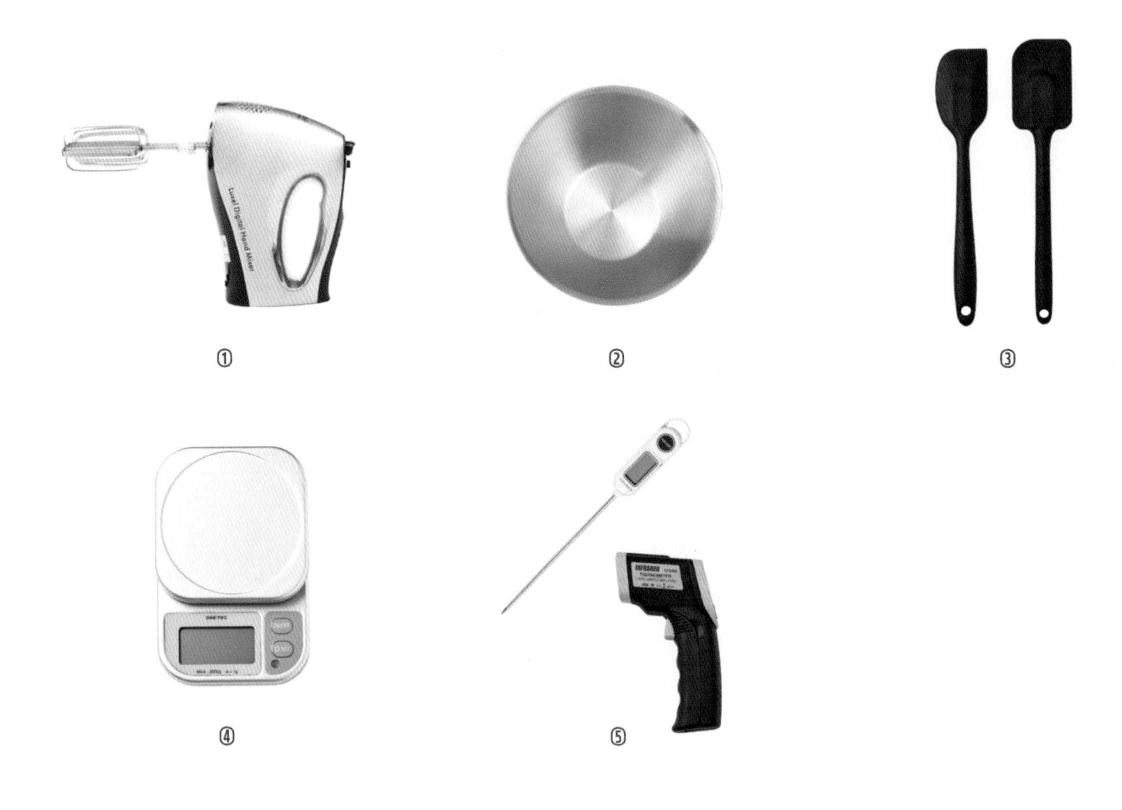

① 핸드믹서_ 다양한 종류의 핸드믹서가 있으나 마카롱을 만들 때는 전력이 최소 300W 이상인 것을 추천합니다.

② 볼_ 머랭을 올리거나 반죽을 섞을 때 사용하며 열전도율이 비교적 높은 스테인리스로 만들어진 볼을 사용하는 것이 좋습니다. 1배합(코크 40개 분량)일 경우 24cm 또는 26cm 지름의 볼이 적당합니다.

③ 실리콘 주걱_ 머랭과 가루를 섞을 때 사용합니다.

④ 저울_ 재료를 계량할 때 사용합니다. 마카롱은 정확한 계량이 중요하기 때문에 전자저울을 사용하는 것이 좋습니다.

⑤ 온도계_ 내용물에 꽂아 내용물 안의 온도를 확인하는 막대온도계와 내용물에 가까이 대고 레이저를 쏘아 내용물 표면의 온도를 확인하는 레이저온도계가 있습니다. 이탈리안 머랭에 들어가는 시럽을 만들 때, 버터크림을 만들 때, 캐러멜 시럽을 만들 때, 마카롱에 채워지는 다양한 필링을 만들 때 사용합니다.

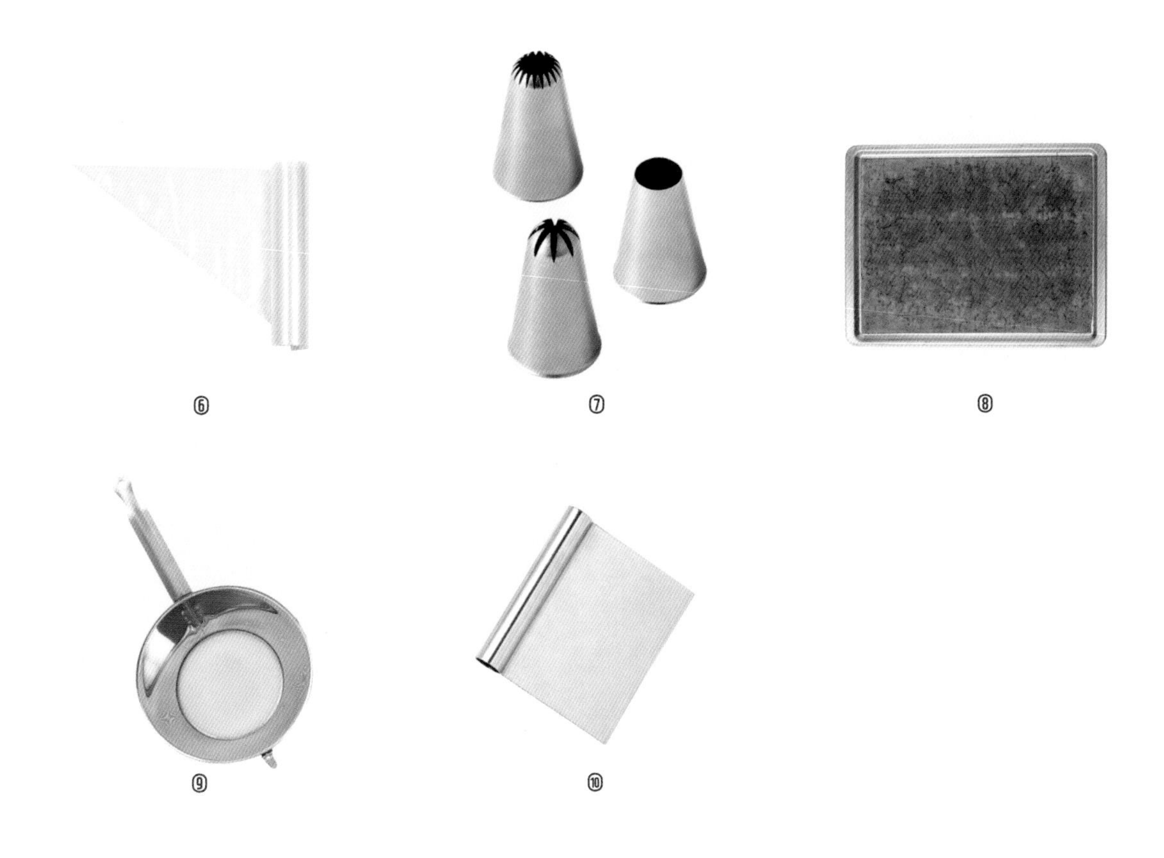
⑥ ⑦ ⑧ ⑨ ⑩

⑥ 짤주머니_ 마카롱 반죽이나 필링을 넣고 짤 때 사용합니다.

⑦ 깍지_ 짤주머니 속에 넣어 사용합니다. 여러 가지 모양이 있으며 어떤 모양의 깍지를 사용해 필링을 짜느냐에 따라 완성된 마카롱의 모습이 다양해집니다.

⑧ 오븐 팬과 테프론시트_ 오븐 팬 위에 테프론시트를 깔고 마카롱 반죽을 올려 구울 때 사용합니다. 유산지가 일회용인 반면 테프론시트는 재사용할 수 있습니다.

⑨ 체_ 가루류의 분말을 곱게 고를 때 사용합니다.

⑩ 스크레이퍼_ 짤주머니의 반죽을 깨끗하게 밀어낼 때 사용합니다.

기본 재료

마카롱은 다른 제과에 비해 많지 않은 재료와 복잡하지 않은 공정으로 만들어집니다. 하지만 공정이 조금만 잘못되거나 재료에 약간의 오차만 생겨도 제대로 된 결과물이 나오지 않으니 재료의 특성을 잘 이해하는 것이 중요합니다.

① **아몬드가루_** 아몬드를 가루 상태로 만든 것을 말하며 100% 아몬드가루와 95% 아몬드가루(5% 전분 함유)로 나누어집니다. 아몬드의 풍미를 풍부하게 느끼길 원한다면 100% 아몬드가루를 사용하는 것이 좋습니다. 마카롱의 주재료인 아몬드가루를 고를 때는 신선하고 유분이 적은 것을 사용해야 합니다. 유분이 많은 아몬드가루는 머랭을 쉽게 사그라들게 해 마카롱의 완성도가 떨어집니다.

② **달걀흰자_** 머랭을 올릴 때 사용합니다. 달걀흰자는 사용하기 전 상온에서 2시간 정도 둔 후 사용하면 좀 더 풍부한 머랭을 완성할 수 있습니다.

③ **슈거파우더_** 설탕을 곱게 갈아놓은 것으로 100% 설탕으로 이루어진 것, 95% 설탕과 5% 전분이 섞인 것이 있습니다. 전분이 함유된 슈거파우더를 사용하면 코크 표면이 갈라질 수 있으므로 마카롱을 만들 때는 100% 설탕으로 만들어진 것을 사용하는 것이 좋습니다.

④ **설탕_** 사탕수수나 사탕무와 같은 식물에서 추출한 단맛을 내는 물질로 마카롱 코크를 제조할 때에는 흰색의 작은 결정으로 된 정제된 설탕을 사용합니다.

⑤ **버터_** 버터크림을 만들 때 사용합니다. 소금 첨가 유무에 따라 무염버터와 가염버터로 나뉘며 마카롱을 만들 때는 무염버터를 사용합니다. 본 책에서는 레시피에 따라 이즈니버터, 서울우유버터, 고메버터, 에쉬레버터를 사용하였습니다.

⑥ **생크림_** 100% 우유에서 추출한 동물성생크림을 사용하며 가나슈 등 마카롱 필링을 만들 때 사용합니다. 여기에서는 서울우유 생크림, 덴마크 생크림, 매일우유 생크림을 사용하였습니다.

⑦ **식용색소**_ 마카롱의 색을 아름답게 내기 위해 사용되는 식품용 착색료입니다. 머랭에 색소를 넣을 때는 소량씩 추가해 섞어가며 원하는 색으로 맞춰줍니다. 본 책에서는 셰프마스터 색소를 사용하였으며 조색에 참고가 되도록 레시피마다 색소명과 분량(1방울=0.3~0.5g)을 표기하였습니다.

⑧ **천연색소**_ 천연의 미생물이나 식물 또는 동물에서 추출한 색소입니다. 식용색소에 비해 자연적이기는 하지만 식용색소보다 색이 선명하지 않고 열에 의해 변색되는 경우가 있어 테스트해보고 사용하는 것을 추천합니다.

⑨ **리큐르**_ 증류주에 과실이나 꽃 향을 입히고 당과 색소를 첨가하여 만든 알코올음료로 마카롱 필링을 만들 때 소량 첨가하면 맛과 향이 풍부해집니다.

⑩ **바닐라빈과 시나몬**_ 특유의 향을 내어 버터크림, 잼, 콩포트 등 마카롱 충전물에 넣고 우려내면 풍부한 맛과 향을 낼 수 있습니다. 바닐라빈은 껍질에 윤기가 흐르고 통통한 것이 좋습니다. 일반적으로 반을 갈라 씨를 긁어내어 사용하지만 껍질에서도 향이 우러나므로 껍질 채 넣고 사용해도 좋습니다.

⑪ **초콜릿**_ 버터크림이나 가나슈에 주로 사용하며 용도에 따라 다크초콜릿, 밀크초콜릿, 화이트초콜릿을 선택합니다. 마카롱 겉면을 초콜릿으로 입힐 때는 코팅용 초콜릿을 사용합니다.

⑫ **티백과 찻잎**_ 버터크림을 만들 때 차의 향을 우려내기 위해 사용합니다. 코크 40개 기준 4g의 찻잎을 사용하며 티백으로 대체할 경우 티백 2개를 넣어 사용합니다.

⑬ **젤라틴**_ 천연단백질인 콜라겐을 뜨거운 물로 처리해 얻어진 단백질의 일종으로 젤라틴을 녹여 마시멜로우 등을 응고시키는 데 사용합니다.

⑭ **소금**_ 프랑스산 게랑드 소금은 짠맛 뒤에 단맛이 느껴져 솔티캐러멜 마카롱(134p), 말차라테 솔티바닐라 마카롱(128p)과 같은 마카롱을 만들 때 사용하면 잘 어울립니다.

⑮ **다양한 장식물**_ 마카롱 코크 반죽 위에 올려 구워내거나 구워진 반죽 위에 데커레이션해 다양한 모양의 마카롱을 완성하는 데 사용합니다.

CLASS 01

무건조법으로 완성하는 3가지 머랭법

macarons

01
프렌치 머랭법

달걀흰자에 설탕을 바로 투입해 머랭을 내는 방법으로 가장 간단하게 완성할 수 있는 방법입니다.
다른 방법에 비해 머랭이 빨리 사그라드는 단점이 있지만 손을 빠르게 작업할 수 있는 숙련자에게는
가장 간단하면서도 빨리 많은 양의 마카롱을 완성할 수 있는 방법입니다.
굽는 정도에 따라 아주 쫀득하게도, 조금 부드럽게도 조절할 수 있는 것이 특징입니다.
필링의 수분, 숙성의 시간 등 모든 조건이 동일한 상태라고 가정했을 때, 조금 더 쫀득한 마카롱을 원한다면
20초 정도 더 굽는 것이 좋고, 조금 더 부드러운 마카롱을 원한다면 20초 정도 덜 구워내는 것이 좋습니다.

COQUE

20쌍 분량

MATERIAL

아몬드가루 84g
슈거파우더 74g
달걀흰자 64g
설탕 59g

HOW TO 머랭

① 아몬드가루와 슈거파우더를 섞어 고운체 또는 중간 굵기 체에 쳐 준비합니다.

② 볼에 달걀흰자를 넣고 저속으로 알끈을 부드럽게 풀어준 후 설탕 1/3을 넣고 30초~1분 정도 휘핑합니다.

point 설탕이 녹을 때까지 휘핑합니다.

③ 설탕 1/3을 추가로 넣고 중속으로 30초 휘핑합니다.

④ 남은 설탕을 모두 넣고 중속으로 30초, 고속으로 1분~1분 30초 정도 휘핑해 90%로 올라온 머랭으로 완성합니다.

⑤ 머랭을 들어 올렸을 때 독수리 부리 모양으로 힘 있게 서면 90%로 올라온 상태입니다.

HOW TO 반죽

⑥ ①을 머랭에 두 번에 나누어 넣으면서 섞어줍니다.

point 머랭의 볼륨을 죽이지 않으면서 11자로 가르듯 섞어줍니다.

⑦ 어느 정도 섞여 날가루가 보이지 않는 상태가 되면 마카로나주를 시작합니다.

point 색소를 넣을 경우 이 단계에서 색소를 첨가해줍니다.

HOW TO 마카로나주

⑧ 볼에 반죽을 폈다 모았다를 반복합니다. 볼에 반죽을 펼치는 모습입니다.

point 프렌치 머랭의 마카로나주는 손의 힘을 빼고 최대한 머랭이 사그라들지 않도록 짓누르지 않도록 주의하면서 살살 섞어주어야 합니다.

⑨ 볼에 반죽을 모으는 모습입니다.

point 이 과정을 여러 번 반복하는 것이 '마카로나주'입니다.

⑩ 반죽을 들었을 때 지그재그 모양으로 반죽이 떨어지고 이 모양이 10초 정도 유지되면 완성된 상태입니다.

point 건조를 하는 번거로움을 줄이는 무건조법이므로 반죽을 짠 후 건조 없이 150도로 예열한 오븐에 넣고 145~150도에서 12분 30초간 구워 완성합니다.

02
이탈리안 머랭법

117~118도의 뜨거운 시럽을 넣어 만드는 방법으로 머랭 자체에 힘이 있고 단단하게 완성되어 캐릭터 마카롱처럼 비교적 많은 시간이 소요되는 작업을 할 때 좋습니다. 다른 머랭법보다 완성된 머랭이 안정적이기 때문에 뜨거운 시럽을 머랭에 부으며 휘핑하는 작업만 익숙해진다면 가장 안정적으로 속이 꽉 찬 코크를 완성할 수 있는 방법입니다. 프렌치 머랭, 스위스 머랭에 비해 설탕 양이 많지만 완성된 코크의 당도는 다른 머랭법과 크게 다르지 않습니다. 이탈리안 머랭법으로 완성한 코크는 겉은 쫀득하고 입안에서 씹힐 때는 부드러운 식감이 느껴지는 것이 특징입니다.

COQUE

20쌍 분량

MATERIAL

반죽
슈거파우더 72g
아몬드가루 81g
달걀흰자A 29g

머랭
달걀흰자B 32g

시럽
설탕 74g
물 23g

HOW TO 반죽

① 슈거파우더, 아몬드가루는 체 친 후 달걀흰자A와 함께 볼에 넣고 주걱으로 한 덩어리가 될 때까지 섞어 반죽을 만들어줍니다.

HOW TO 머랭

② 달걀흰자B는 저속으로 30초, 중속으로 40초, 고속으로 40초간 휘핑합니다.

HOW TO 시럽

③ 물과 설탕을 냄비에 넣어 118도가 될 때까지 끓여 시럽을 만들어줍니다.

HOW TO 머랭

④ 머랭을 중속으로 1분간 휘핑하면서 완성된 시럽을 거미줄처럼 얇게 소량씩 흘려가며 섞어줍니다.

⑤ 시럽이 모두 들어가면 고속으로 1분~1분 30초 휘핑하여 머랭을 90%로 올려 완성합니다.

⑥ 완성된 머랭은 윤기가 흐르며 단단하고 힘이 있어 들어 올렸을 때 뿔이 힘없이 처지지 않고 서 있는 상태가 되어야 합니다.

⑦ 식용색소를 넣을 경우 머랭이 완성된 상태에서 색소를 첨가해 섞어줍니다.

point 노란빛을 띠는 아몬드 반죽과 섞으면 색이 진해지므로 원하는 색보다 살짝 연하게 조색합니다.

HOW TO 반죽

⑧ ①번 반죽에 완성된 머랭 1/3을 넣고 뭉친 반죽이 없도록 꼼꼼하게 풀어가며 섞어줍니다.

⑨ 머랭 1/3을 추가로 넣고 섞어줍니다.

point 섞을 때 너무치대면 머랭이 사그라들 수 있으니 머랭이 꺼지지 않도록 주의하며 살살 섞어줍니다.

⑩ 남은 머랭을 모두 넣고 마카로나주를 시작합니다. 볼에 반죽을 펼치는 모습입니다.

point 이탈리안 머랭은 뜨거운 시럽을 넣어 완성해 머랭에 힘이 있는 상태이기 때문에 손에 힘을 빼지 않고 마카로나주를 하는 것이 좋습니다.

⑪ 볼에 반죽을 모으는 모습입니다.

point 이 과정을 여러 번 반복하는 것이 '마카로나주'입니다.

⑫ 반죽을 들어 올려 떨어뜨렸을 때 지그재그 모양으로 반죽이 떨어지고 이 모양이 10초 정도 유지되는 농도가 되면 완성된 상태입니다.

point 건조를 하는 번거로움을 줄이는 무건조법이므로 반죽을 짠 후 건조 없이 150도로 예열한 오븐에 넣고 150도에서 12분 30초~13분간 구워 완성합니다. 조금 더 안정적으로 굽기를 원한다면 상온에서 10분 정도 두거나 스메그 오븐 기준 송풍으로 5분 정도 건조시킨 후 구워줍니다.

03
스위스 머랭법

달걀흰자에 설탕을 모두 넣고 한 번에 중탕해 머랭을 만드는 기법으로 흰자에 열이 가해져 프렌치 머랭에 비해 안정적입니다. 프렌치 머랭, 이탈리안 머랭에 비해 설탕을 적게 넣어도 안정적인 마카롱으로 완성할 수 있으므로 당도는 낮고, 식감은 쫀득한 마카롱을 만들 때 적합합니다.

COQUE

20쌍 분량

MATERIAL

아몬드가루 88g
슈거파우더 74g
설탕 60g
달걀흰자 66g

HOW TO 머랭

① 슈거파우더, 아몬드가루를 섞어 고운체 또는 중간 굵기 체에 쳐 준비합니다.

② 설탕과 달걀흰자를 손거품기로 가볍게 섞어줍니다.

③ ②를 끓인 물에 중탕합니다.

④ 온도가 47도까지 올라가면 저속으로 1분, 중속으로 1분, 고속으로 1분 30초~2분간 휘핑해 90% 머랭으로 완성합니다.

⑤ 90%로 완성된 머랭은 들어 올렸을 때 독수리 부리 모양으로 힘 있고 단단한 상태입니다.

HOW TO 반죽

⑥ ⑤에 ①을 두 번에 나누어 넣으며 섞어줍니다.

point 머랭의 볼륨을 죽이지 않으면서 11자로 가르듯 섞어줍니다.

⑦ 어느 정도 섞여 날가루가 보이지 않는 상태가 되면 마카로나주를 시작합니다.

point 스위스 머랭은 중탕한 흰자를 휘핑해 프렌치 머랭보다 반죽에 힘이 있는 상태이므로 지나치게 힘을 빼고 마카로나주를 하면 반죽이 단단해지고 구웠을 때 유분이 뜰 수 있습니다. 따라서 머랭과 반죽을 11자로 섞어가며 하나의 덩어리로 반틀어준 후 반죽을 갈랐을 때 바닥에 길이 보이도록 ⑨번 과정처럼 반죽을 전체적으로 잡고 돌리며 마카로나주를 해주는 것이 좋습니다.

HOW TO 마카로나주

⑧ 볼에 반죽을 폈다 모았다를 반복합니다. 볼에 반죽을 펼치는 모습입니다.

⑨ 볼에 반죽을 모으는 모습입니다.

point 이 과정을 여러 번 반복하는 것이 '마카로나주'입니다.

⑩ 반죽을 들었을 때 지그재그 모양으로 반죽이 떨어지고 이 모양이 10초 정도 유지되면 완성된 상태입니다.

point 건조를 하는 번거로움을 줄이는 무건조법이므로 반죽을 짠 후 건조 없이 150도로 예열한 오븐에 넣고 150도에서 13분간 구워 완성합니다.

Plus Tip

건조 방법에 따른 코크의 차이

무건조 코크

무건조 코크는 팬닝 후 마카롱 제조에 있어 일반적으로 적용되는 건조의 공정을 거치지 않고 바로 오븐에 넣어 굽는 것을 말합니다. 상온에 있던 반죽이 약 150도로 예열된 오븐에 들어가 급격한 온도의 변화로 반죽이 팽창되어 표면이 매끄럽고 윤기가 도는 것이 특징입니다.

마카롱 반죽의 막을 씌우는 건조의 공정 없이 바로 굽기 때문에 머랭이나 반죽이 완전하지 않으면 표면이 터지는 경우가 발생할 수 있어 머랭과 마카로나주의 공정을 잘 숙지해야 합니다. 무건조 코크는 마카롱샵이나 디저트 카페 등을 운영하는 창업자에게 특히 시간을 단축시킬 수 있는 큰 이점이 있는 방법입니다.

건조 코크

건조 코크는 팬닝 후 30분~1시간 정도 마카롱 표면을 건조시킨 후 구워내는 일반적인 방법입니다. 묽은 반죽이 손으로 만졌을 때 묻어나지 않을 정도로 건조시킨 후 약 150도로 예열된 오븐에서 굽는 방식입니다. 이미 건조된 표면이 열에 의해 구워지는 방식으로 건조된 상태의 모양 그대로 구워져 거친 표면 반죽은 거칠게, 매끈한 반죽은 매끈하게 구워져 완성되는 것이 특징입니다. 머랭과 마카로나주 공정이 불안정한 경우 마카롱 표면을 건조해서 구움으로 조금 더 안정적인 마카롱을 만들어 낼 수 있습니다.

열풍건조 코크

열풍건조 코크는 팬닝 후 가열공기를 쬐어 건조시키는 방법입니다. 팬닝 후 약 150도로 예열된 오븐에 바로 넣고 오븐의 문을 살짝 열고 2분 정도 구워준 후, 오븐 내부의 열이 135도 정도로 떨어지면 문을 닫고 11분 30초~12분 정도(오븐 팬을 잡고 흔들었을 때 코크가 테프론시트와 같이 움직일 정도)로 구워줍니다. 열풍건조법은 오븐 밖 공기와 맞닿은 가열된 공기를 쬐어 코크의 수분 손실이 많아져 자칫 마카롱의 속이 비어지는 현상이 많이 발생하는 단점이 있습니다. 이 경우 수분을 조금 보충해주는 것이 좋으므로 원래 사용하던 달걀흰자의 양을 2g 정도 늘려 머랭을 낸 후 반죽해 속이 비는 것을 막을 수 있습니다. 열풍건조한 코크는 마르지 않은 표면이 급격히 가열되어 팽창되므로 매끄럽고 윤기가 도는 것이 특징입니다. 무건조법과 함께 건조하는 번거로움 없이 마카롱을 만들 수 있는 장점이 있는 방법입니다.

Plus Tip

마카롱 keypoint, 머랭

지난 7년간 리레케이크 마카롱 클래스를 진행하면서 정말 많은 디저트 카페 창업자 분들을 만났고, 이 분들이 마카롱 디저트샵으로 자리를 잡으시기까지의 오랜 과정을 함께 했습니다.
창업자 분들과 오랜 시간 클래스를 함께 하며 마카롱을 만들면서 많은 분들에게 받았던 질문은 대부분 비슷한 질문이었습니다. 바로 코크의 완성도를 좌우하는 머랭에 관한 질문이었습니다. 머랭을 만드는 과정에서 실수하기 쉬운 부분들을 잘 숙지하고 제조한다면 실패 없이 완벽한 마카롱을 만들 수 있을 것입니다. 머랭에 관한 이론과 레시피는 실제로 클래스를 진행하면서 많은 창업자 분들이 만족하셨던 수업 내용이었으며 수업을 들으셨던 많은 분들이 지금은 만족스러운 맛과 모양의 마카롱으로 디저트 샵을 운영하고 계십니다.

이 책을 보고 계신 분들 중 혹여 마카롱 코크가 마음에 들지 않는 식감으로, 예쁘지 않은 모양으로 만들어져 만족스러운 결과를 얻지 못하셨다면 주의 깊게 읽어보시고 이 책의 내용과 레시피로 연습해보시기를 권해드립니다.

마카롱 공정에서 가장 중요한, 그래서 실수도 많이 하게 되는 부분이 바로 머랭을 만드는 과정입니다. 머랭이 오버되게 만들어지면 코크 속이 빈 마카롱, 일명 '삥카롱'이 되고 아몬드가루의 유분이 많아 유분이 올라오면 표면이 쭈글쭈글한 마카롱으로 완성됩니다.

속이 빈 코크

유분이 뜬 코크

속이 꽉 찬 코크

그렇다면 우리는 머랭과 반죽을 완벽하게 할 수 있어야 합니다. 만약 머랭이 오버되어 완성되었다면 가루를 넣고 마카로나주를 할 때 평소보다 조금 더 힘 있게 해주어야 합니다. 머랭의 힘에 지지 않고 마카로나주를 함으로써 반죽을 알맞게 만들 수 있습니다. 반대로 머랭이 단단하지 않고 힘이 없게 완성되었다면 마카로나주를 할 때 최대한 머랭의 볼륨이 꺼지지 않게 힘을 빼고 마카로나주를 해야 합니다.

가장 기본적이지만 그만큼 중요한 완벽한 머랭을 완성하는 과정. 이 부분만 정확하게 숙지한다면 마카롱 실패율은 현저하게 낮아질 것입니다. 물론 사용하는 오븐에 따라, 공정실의 습도나 온도 등 작업하는 환경에 따라 맞춰가며 테스트해보는 과정은 필요합니다. 머랭 공정의 이해와 연습이 동반된다면 마카로나주를 할수록 묽어져야 할 반죽이 오히려 단단해져 당황하는 일도, 반죽이 단단해 코크 속이 비어버리는 일도, 반죽이 묽어져 코크 윗부분이 터져버리거나 유분이 뜨는 일도 생기지 않을 것입니다.

Plus Tip

창업자를 위한 대량생산법

프렌치 머랭

스텐드 반죽기로 프렌치머랭을 만들어 대량생산하는 방법입니다.
머랭을 치고 반죽해 한 번에 4~4.5cm 코크 120개, 총 60개의 마카롱을 만들어 낼 수 있습니다.
여기에서는 스텐드 반죽기 2대를 동시에 사용해 한 번에 코크 240개,
총 120개의 마카롱을 만들 수 있는 방법을 알려드립니다.

60쌍 × 2 분량

MATERIAL

아몬드가루 245g x 반죽기 2대
슈거파우더 223g x 반죽기 2대
달걀흰자 190g x 반죽기 2대
설탕 178g x 반죽기 2대

HOW TO 머랭

① 휘핑날을 끼운 스텐드 반죽기에 달걀흰자를 넣고 저속으로 30초간 휘핑합니다.

point 반죽기 2대를 동시에 사용합니다.

② 설탕 1/3을 넣고 저속으로 40초간 휘핑한 후 설탕 1/3을 더 넣어 중속으로 40초간 휘핑합니다.

point 스메그 반죽기 기준 4단으로 휘핑하였습니다.

③ 나머지 설탕을 모두 넣은 후 중속으로 50초, 고속으로 3~4분간 휘핑합니다.

point 스메그 반죽기 기준 8단(중속)~10단(고속)으로 휘핑하였습니다.

④식용색소를 넣을 경우 머랭이 완성되기 1분 전에 색소를 소량씩 넣어가며 조색을 완성합니다.

point 여기에서는 마블 표현을 위해 한 쪽 반죽기에만 색소를 넣었습니다.

⑤ 머랭을 들어올렸을 때 묻은 머랭의 모양이 독수리 부리처럼 힘 있게 휘어질 때까지 휘핑합니다.

HOW TO 반죽

⑥ 아몬드가루와 슈거파우더를 체 친 후 각각의 스텐드 반죽기에 두 번씩 나누어 넣으면서 1단으로 1분 20초~1분 40초간 반죽합니다.

point 나뭇잎모양 반죽날(비터기)로 바꿔 끼운 후 진행합니다.

⑦ 반죽을 들어 올려 떨어뜨릴 때 떨어진 모양의 반죽이 퍼지지 않고 10초 정도 모양을 유지하면 마무리합니다.

point 반죽을 짠 후 160도로 예열한 오븐에 넣어 150도로 13분간 구워줍니다.(스메그 오븐 기준)

Plus Tip

창업자를 위한 대량생산법

이탈리안 머랭

스텐드 반죽기로 이탈리안 머랭을 만들어 대량생산하는 방법입니다.
머랭을 치고 반죽해 한 번에 4~4.5cm 코크 240개, 총 120개의 마카롱을 만들어 낼 수 있습니다.
여기에서는 스텐드 반죽기 2대를 동시에 사용하며 1대에는 머랭을,
1대에는 반죽을 하여 대량생산하는 방법을 알려드립니다.

120쌍 분량

MATERIAL

반죽
아몬드가루 480g
슈거파우더 450g
달걀흰자A 175g

시럽
물 150g
설탕 420g

머랭
달걀흰자B 192g

① 반죽날을 낀 반죽기에 아몬드가루, 슈거파우더, 달걀흰자A를 넣고 날가루가 보이지 않을 때까지 1단으로 반죽하여 하나의 반죽 덩어리를 만들어 준비합니다.

HOW TO 시럽

② 물과 설탕을 냄비에 넣어 118도가 될 때까지 천천히 끓여 시럽을 만들어 준비합니다.

point 머랭을 휘핑하는 동안 진행합니다.

HOW TO 머랭

③ 휘핑날을 끼운 반죽기에 달걀흰자B를 넣고 저속으로 30초, 중속으로 30초, 고속으로 30초간 휘핑하여 머랭을 완성합니다.

point 저속 4단, 중속 6단, 고속 10단으로 완성합니다. (스메그 반죽기 기준) 식용색소를 넣을 경우 머랭이 완성되기 1분 전에 색소를 소량씩 넣어가며 조색을 완성합니다.

④ 완성된 머랭은 고속으로 휘핑하면서 118도까지 끓인 시럽을 볼을 타고 흘러내리듯 가늘게 부은 후 3~4분 정도 머랭이 단단해질 때까지 고속으로 휘핑합니다.

⑤ 머랭을 들어올렸을 때 머랭에 윤기가 돌고 모양은 독수리 부리처럼 힘 있게 휘어질 때까지 휘핑합니다.

HOW TO 반죽

⑥ ①의 반죽에 머랭 1/3을 넣고 반죽날로 1분간 반죽해 매끈하게 마카로나주를 한 후 다시 머랭 1/3을 넣고 1단으로 30초간 반죽합니다.

point 나뭇잎모양 반죽날로 바꿔 끼운 후 반죽합니다.

⑦ 나머지 머랭을 넣고 30초간 반죽합니다.

⑧ 반죽을 들어올려 떨어뜨릴 때 떨어진 모양의 반죽이 퍼지지 않고 10초 정도 모양을 유지하면 마무리합니다.

point 반죽을 짠 후 160도로 예열한 오븐에 넣어 150도로 13분간 구워줍니다.(스메그 오븐 기준)

CLASS 02

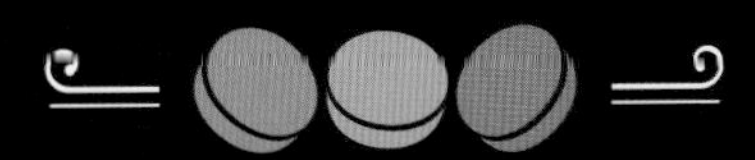

다양한 테크닉으로 완성하는 코크 레시피

macarons

01

아몬드가루 Zero
100% 쌀가루 코크

아몬드가루 대신 100% 쌀가루로만 만드는 코크 레시피를 소개합니다. 쌀가루는 아몬드가루와 달리
유분이 없기 때문에 겉은 쫀득하고 속은 부드러운 것이 특징입니다.
아몬드가루로 만든 마카롱에 익숙한 분들은 쌀마카롱의 첫 식감이 낯설 수도 있지만
담백하고 깔끔한 맛을 좋아하는 분들 또는 견과류 알레르기가 있으신 분들께 추천하는 코크입니다.

무건조 프렌치 머랭법

COQUE

20쌍 분량

MATERIAL

쌀가루 74g
슈거파우더 75g
달걀흰자 63g
설탕 56g

※ 쌀가루는 100% 건식쌀가루, 100% 박력쌀가루, 100% 건식 유기농 쌀가루 모두 사용할 수 있습니다.

① 볼에 달걀흰자를 넣고 저속으로 알끈을 부드럽게 풀어준 후 설탕 1/3을 넣고 30초~1분 정도 휘핑합니다.

point 설탕이 녹을 때까지 휘핑합니다.

② 설탕 1/3을 추가로 넣고 중속으로 30초 휘핑합니다.

③ 남은 설탕을 모두 넣고 중속으로 30초 휘핑한 후 고속으로 1분~1분 30초 정도 휘핑해 90%로 올라온 머랭을 완성합니다.

point 머랭을 들어올렸을 때 독수리 부리 모양으로 힘 있게 서면 완성된 상태입니다.

④ 쌀가루, 슈거파우더는 체 친 후 머랭에 두 번에 나누어 넣으면서 섞어줍니다.

point 머랭의 볼륨을 사그라트리지 않으면서 11자로 가르듯 섞어줍니다.

⑤ 날가루가 보이지 않는 상태가 되면 색소를 소량씩 넣어가며 마카로나주를 시작합니다.(31p)

point 여기에서는 반죽을 반으로 나눠 한 곳에는 네이비블루(3방울), 한 곳에는 조지아피치(2방울)와 딥핑크(0.5방울)를 섞어 조색하였습니다.

⑥ 반죽을 들었을 때 반죽이 한 번에 주륵 떨어질 때까지 볼에서 반죽을 폈다 모았다를 반복하며 마카로나주를 합니다.

point 100% 쌀가루 반죽은 아몬드가루 반죽보다 농도가 살짝 묽습니다.

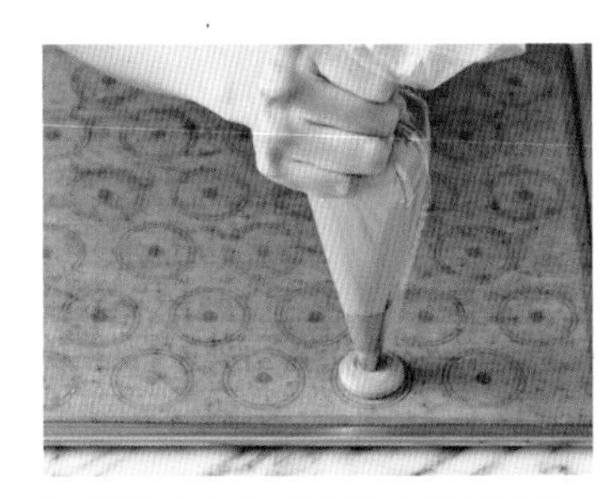

⑦ 짤주머니에 둥근 깍지(804번)를 끼우고 반죽을 담아 지름 3~3.5cm로 테프론시트 위에 짜줍니다.

point 구워져 나온 투톤 마블 코크는 지름 4~4.5cm로 완성됩니다.(63p)

⑧ 140도로 예열한 오븐에 넣고 140도에서 18~19분간 구운 후 코크가 완전히 식으면 테프론시트에서 분리해 사용합니다.

point 건조를 하는 번거로움을 줄이는 무건조법이므로 건조 없이 바로 구워줍니다.

⑨ 100% 쌀마카롱은 구웠을 때 뒷면이 패인 것이 특징입니다.

point 뒷면이 패이지 않고 매끈하게 만들고 싶다면 가루류를 섞을 때 베이킹파우더 1g을 추가해줍니다.

02

색소 대신 천연가루를 이용한 코크

(1) 코코아 코크

식용색소 대신 천연가루를 이용해 만드는 코크 레시피로 아이들을 위한 마카롱을 만들 때 추천하는 방법입니다. 천연가루는 식용색소에 비해 자연적이기는 하지만 시간이 지남에 따라 색이 변할 수 있고 식용색소처럼 쨍한 색감을 내기 어려운 단점이 있기 때문에 은은한 색감으로 완성하는 마카롱, 마카롱 겉면에 콩가루, 초콜릿 등을 입혀 완성하는 마카롱에 이용하는 것을 추천합니다.

무건조 프렌치 머랭법

COQUE

20쌍 분량

MATERIAL

코코아가루 9g
아몬드가루 75g
슈거파우더 74g
달걀흰자 63g
설탕 59g

① 코코아가루, 아몬드가루, 슈거파우더를 섞어 고운체 또는 중간 굵기 체에 칩니다.

point 여기에서는 발로나 코코아가루를 사용하였습니다.

② 볼에 달걀흰자를 넣어 저속으로 알끈을 부드럽게 풀어준 후 설탕 1/3을 넣고 30초~1분 정도 휘핑합니다.

point 설탕이 녹을 때까지 휘핑합니다.

③ 설탕 1/3을 추가로 넣고 중속으로 30초 휘핑합니다.

④ 남은 설탕을 모두 넣고 중속으로 30초 휘핑한 후 고속으로 1분~1분 30초 정도 휘핑합니다.

point 머랭이 90%로 올라올 때까지 휘핑합니다. 머랭이 처지지 않고 독수리 부리 모양으로 힘 있게 선 상태입니다.

⑤ ①을 ④에 두 번에 나누어 넣으면서 섞어줍니다.

point 머랭의 볼륨을 사그라트리지 않으면서 11자로 가르듯 섞어줍니다.

⑥ 어느 정도 섞여 날가루가 보이지 않는 상태가 되면 볼에 반죽을 폈다 모았다를 반복하며 마카로나주를 시작합니다.(31p)

⑦ 반죽을 들었을 때 지그재그 모양으로 반죽이 떨어지고 지그재그 모양이 10초 정도 유지될 때까지 마카로나주를 해줍니다.

⑧ 짤주머니에 둥근 깍지(804번)를 끼우고 반죽을 담아 지름 3.5~4cm로 테프론시트 위에 짜줍니다.

⑨ 150도로 예열한 오븐에 넣고 145~150도에서 12~13분간 구운 후 코크가 완전히 식으면 테프론시트에서 분리해 사용합니다.

point 건조를 하는 번거로움을 줄이는 무건조 프렌치 머랭법이므로 건조 없이 바로 구워줍니다.

02

색소 대신 천연가루를 이용한 코크

(2) 백년초 코크

무건조 프렌치 머랭법

COQUE

20쌍 분량

MATERIAL

백년초가루 8g, 아몬드가루 75g, 슈거파우더 75g, 달걀흰자 63g, 설탕 60g

HOW TO

① 백년초가루, 아몬드가루, 슈거파우더를 섞어 고운체 또는 중간 굵기 체에 칩니다.

② 볼에 달걀흰자를 넣어 저속으로 알끈을 부드럽게 풀어준 후 설탕 1/3을 넣고 30초~1분 정도 휘핑합니다.
point 설탕이 녹을 때까지 휘핑합니다.

③ 설탕 1/3을 추가로 넣고 중속으로 30초 휘핑합니다.

④ 남은 설탕을 모두 넣고 중속으로 30초 휘핑한 후 고속으로 1분~1분 30초 정도 휘핑합니다.
point 머랭이 90%로 올라올 때까지 휘핑합니다. 머랭이 처지지 않고 독수리 부리 모양으로 힘 있게 서야 완성된 상태입니다.

⑤ ①을 ④에 두 번에 나누어 넣으면서 섞어줍니다.
point 머랭의 볼륨을 사그라트리지 않으면서 11자로 가르듯 섞어줍니다.

⑥ 어느 정도 섞여 날가루가 보이지 않는 상태가 되면 볼에 반죽을 폈다 모았다를 반복하며 마카로나주를 시작합니다.(31p)

⑦ 반죽을 들었을 때 지그재그 모양으로 반죽이 떨어지고 지그재그 모양이 10초 정도 유지될 때까지 마카로나주를 해줍니다.

⑧ 짤주머니에 둥근 깍지(804번)를 끼우고 반죽을 담아 지름 3.5~4cm로 테프론시트 위에 짜줍니다.

⑨ 150도로 예열한 오븐에 넣고 145~150도에서 12분 30초간 구운 후 코크가 완전히 식으면 테프론시트에서 분리해 사용합니다.
point 건조를 하는 번거로움을 줄이는 무건조법이므로 건조 없이 바로 구워줍니다.

02

색소 대신 천연가루를 이용한 코크

(3) 단호박 코크

무건조 프렌치 머랭법

COQUE

20쌍 분량

MATERIAL

단호박가루 10g, 아몬드가루 73g, 슈거파우더 75g, 달걀흰자 63g, 설탕 59g

HOW TO

① 단호박가루, 아몬드가루, 슈거파우더를 섞어 고운체 또는 중간 굵기 체에 칩니다.

② 볼에 달걀흰자를 넣어 저속으로 알끈을 부드럽게 풀어준 후 설탕 1/3을 넣고 30초~1분 정도 휘핑합니다.
point 설탕이 녹을 때까지 휘핑합니다.

③ 설탕 1/3을 추가로 넣고 중속으로 30초 휘핑합니다.

④ 남은 설탕을 모두 넣고 중속으로 30초 휘핑한 후 고속으로 1분~1분 30초 정도 휘핑합니다.
point 머랭이 90%로 올라올 때까지 휘핑합니다. 머랭이 처지지 않고 독수리 부리 모양으로 힘 있게 서야 완성된 상태입니다.

⑤ ①을 ④에 두 번에 나누어 넣으면서 섞어줍니다.
point 머랭의 볼륨을 사그라트리지 않으면서 11자로 가르듯 섞어줍니다.

⑥ 어느 정도 섞여 날가루가 보이지 않는 상태가 되면 볼에 반죽을 폈다 모았다를 반복하며 마카로나주를 시작합니다.(31p)

⑦ 반죽을 들었을 때 지그재그 모양으로 반죽이 떨어지고 지그재그 모양이 10초 정도 유지될 때까지 마카로나주를 해줍니다.

⑧ 짤주머니에 둥근 깍지(804번)를 끼우고 반죽을 담아 지름 3.5~4cm로 테프론시트 위에 짜줍니다.

⑨ 150도로 예열한 오븐에 넣고 145~150도에서 12분 30초간 구운 후 코크가 완전히 식으면 테프론시트에서 분리해 사용합니다.
point 건조를 하는 번거로움을 줄이는 무건조법이므로 건조 없이 바로 구워줍니다.

02

색소 대신 천연가루를 이용한 코크

(4) 자색고구마 코크

무건조 프렌치 머랭법

COQUE

20쌍 분량

MATERIAL

자색고구마가루 9g, 아몬드가루 75g, 슈거파우더 75g, 달걀흰자 64g, 설탕 60g

HOW TO

① 자색고구마가루, 아몬드가루, 슈거파우더를 섞어 고운체 또는 중간 굵기 체에 칩니다.

② 볼에 달걀흰자를 넣어 저속으로 알끈을 부드럽게 풀어준 후 설탕 1/3을 넣고 30초~1분 정도 휘핑합니다.
point 설탕이 녹을 때까지 휘핑합니다.

③ 설탕 1/3을 추가로 넣고 중속으로 30초 휘핑합니다.

④ 남은 설탕을 모두 넣고 중속으로 30초 휘핑한 후 고속으로 1분~1분 30초 정도 휘핑합니다.
point 머랭이 90%로 올라올 때까지 휘핑합니다. 머랭이 처지지 않고 독수리 부리 모양으로힘 있게 서야 완성된 상태입니다.

⑤ ①을 ④에 두 번에 나누어 넣으면서 섞어줍니다.
point 머랭의 볼륨을 사그라트리지 않으면서 11자로 가르듯 섞어줍니다.

⑥ 어느 정도 섞여 날가루가 보이지 않는 상태가 되면 볼에 반죽을 폈다 모았다를 반복하며 마카로나주를 시작합니다.(31p)

⑦ 반죽을 들었을 때 지그재그 모양으로 반죽이 떨어지고 지그재그 모양이 10초 정도 유지될 때까지 마카로나주를 해줍니다.

⑧ 짤주머니에 둥근 깍지(804번)를 끼우고 반죽을 담아 지름 3.5~4cm로 테프론시트 위에 짜줍니다.

⑨ 150도로 예열한 오븐에 넣고 145~150도에서 12분 30초간 구운 후 코크가 완전히 식으면 테프론시트에서 분리해 사용합니다.
point 건조를 하는 번거로움을 줄이는 무건조법이므로 건조 없이 바로 구워줍니다.

02

색소 내신 천연가루를 이용한 코크

(5) 말차 코크

무건조 프렌치 머랭법

COQUE

20쌍 분량

MATERIAL

말차가루(일본산 우지말차) 9g, 아몬드가루 76g, 슈거파우더 75g, 달걀흰자 64g, 설탕 59g

HOW TO

① 말차가루, 아몬드가루, 슈거파우더를 섞어 고운체 또는 중간 굵기 체에 칩니다.

② 볼에 달걀흰자를 넣어 저속으로 알끈을 부드럽게 풀어준 후 설탕 1/3을 넣고 30초~1분 정도 휘핑합니다.
point 설탕이 녹을 때까지 휘핑합니다.

③ 설탕 1/3을 추가로 넣고 중속으로 30초 휘핑합니다.

④ 남은 설탕을 모두 넣고 중속으로 30초 휘핑한 후 고속으로 1분~1분 30초 정도 휘핑합니다.
point 머랭이 90%로 올라올 때까지 휘핑합니다. 머랭이 처지지 않고 독수리 부리 모양으로 힘 있게 서야 완성된 상태입니다.

⑤ ①을 ④에 두 번에 나누어 넣으면서 섞어줍니다.
point 머랭의 볼륨을 사그라트리지 않으면서 11자로 가르듯 섞어줍니다.

⑥ 어느 정도 섞여 날가루가 보이지 않는 상태가 되면 볼에 반죽을 폈다 모았다를 반복하며 마카로나주를 시작합니다.(31p)

⑦ 반죽을 들었을 때 지그재그 모양으로 반죽이 떨어지고 지그재그 모양이 10초 정도 유지될 때까지 마카로나주를 해줍니다.

⑧ 짤주머니에 둥근 깍지(804번)를 끼우고 반죽을 담아 지름 3.5~4cm로 테프론시트 위에 짜줍니다.

⑨ 150도로 예열한 오븐에 넣고 145~150도에서 12분 30초간 구운 후 코크가 완전히 식으면 테프론시트에서 분리해 사용합니다.
point 건조를 하는 번거로움을 줄이는 무건조법이므로 건조 없이 바로 구워줍니다.

03

마블 무늬 코크

(1) 짤주머니로 간단하게 만드는 마블 코크

두 가지 이상의 색을 섞어 마블링 모양을 내어 완성하는 코크입니다.
여러 가지 색을 동시에 내므로 다양한 색상의 마카롱 충전물과도 잘 어울립니다.
짤주머니에 색소를 묻혀 간단하게 완성하는 방법을 소개합니다.

① 색소를 사용하지 않고 31p ⑧번 과정까지 완성한 반죽(프렌치 머랭)을 준비합니다.

② 긴 막대에 식용색소를 길게 묻혀줍니다.

point 여기에서는 콜블랙(2방울)을 사용하였습니다.

③ 14인치 짤주머니에 803번 또는 804번 깍지를 끼운 후 짤주머니 안쪽에 색소를 묻혀줍니다.

point 짤주머니에 색소를 묻힐 때는 색소가 한 쪽에만 너무 많이 묻거나 뭉치지 않게 주의합니다. 색소도 수분이기 때문에 한 곳에 뭉쳐 있으면 구웠을 때 수분으로 인해 코크가 부분적으로 터질 수 있기 때문입니다.

④ 색소를 묻힌 짤주머니에 반죽을 넣어줍니다.

⑤ 테프론시트 위에 지름 3.5~4cm로 반죽을 동그랗게 짜줍니다.

point 모든 머랭 기법에 활용할 수 있는 마블링 방법입니다.

⑥ 150도로 예열한 오븐에 넣고 145~150도에서 12분 30초간 구운 모습입니다. 코크가 완전히 식으면 테프론시트에서 분리해 사용합니다.

point 짤주머니 하나로 간단하게 완성할 수 있는 마블링 기법으로 은은하게 나오는 마블 모양이 특징입니다. 반죽의 색이 주된 색으로 완성되며 색소의 색과 함께 과하지 않은 은은한 모양으로 마블링되는 기법입니다.

03

마블 무늬 코크

(2) 투톤 마블 코크

두 가지 색의 반죽을 짤주머니에 담아 한 번에 짜내는 투톤 마블 코크를 소개합니다.
유사한 색감으로 은은한 마블링을 완성하거나 대비되는 색감으로 화려한 마블링을 완성할 수 있습니다.

① 색소를 사용하지 않고 31p ⑧번 과정까지 완성한 반죽(프렌치 머랭법) 또는 38p ⑩번 과정까지 완성한 반죽(스위스 머랭법)을 2개의 볼에 나누어 준비합니다.

② 각각의 반죽에 원하는 색소를 넣어줍니다.

point 1개의 볼에는 버건디(5방울)과 콜블랙(2방울)을 넣고, 나머지 볼에는 콜블랙(4방울) 넣어 은은한 마블링을 완성할 예정입니다.

③ 반죽을 볼의 벽면에 펼쳤다 모았다를 반복하며 마카로나주를 시작합니다. (31p)

④ 반죽을 들었을 때 지그재그 모양으로 반죽이 떨어지고 이 모양이 10초 정도 유지되면 완성된 상태입니다.

⑤ 동일한 방식으로 2가지 색의 반죽을 완성합니다.

⑥ 입구를 자르지 않은 짤주머니 2개를 준비해 색소를 섞은 반죽을 각각 넣고 입구를 잘라줍니다.

point 2개의 짤주머니 입구는 똑같은 크기로 잘라주어야 동일한 힘을 주어 짜낼 때 2가지 색이 균일하게 마블링됩니다.

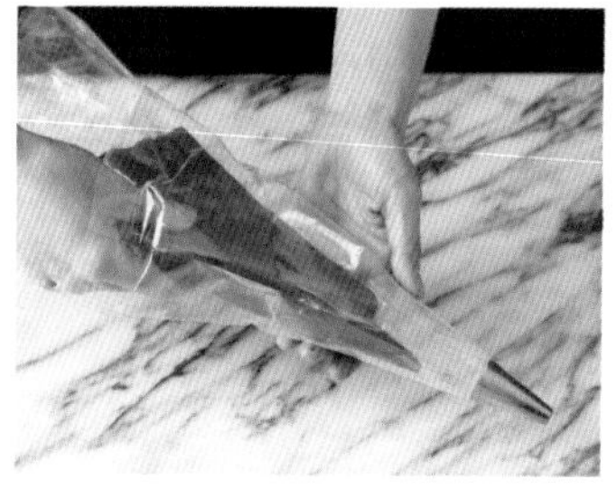

⑦ 짤주머니에 원하는 깍지를 끼운 후 ⑥의 짤주머니 2개를 모두 넣어줍니다.

point 3가지, 4가지 색의 반죽을 만들어 더 화려한 마블링으로 응용할 수 있습니다.

⑧ 짤주머니로 동그랗게 돌려가며 테프론시트 위에 지름 3.5~4cm로 반죽을 짜줍니다.

point 모든 머랭 기법에 활용할 수 있는 마블링 방법입니다. 각각의 짤주머니에 색이 다른 반죽을 담아 짜내는 기법으로 어느 한 쪽에만 힘이 쏠리지 않아야 두 가지 색이 골고루 섞여 완성됩니다.

⑨ 150도로 예열한 오븐에 넣고 145~150도에서 12분 30초간 구운 모습입니다. 코크가 완전히 식으면 테프론시트에에서 분리해 사용합니다.

point 62p의 완성 코크는 버건디(4.5방울), 콜블랙(3방울)을 사용해 채도가 높으면서도 화려한 코크로 완성한 모습입니다.

03

마블 무늬 코크

(3) 레인보우 마블 코크

일곱 가지 색의 반죽을 짤주머니에 담아 한 번에 짜내는 레인보우 마블 코크를 소개합니다.
여러 가지 색을 사용하는 만큼 각각의 짤주머니에 동일한 양을 담고
균등한 힘을 주어 짜내는 것이 중요합니다.

① 색소를 사용하지 않고 31p ⑧번 과정까지 완성한 반죽(프렌치 머랭법) 또는 38p ⑩번 과정까지 완성한 반죽(스위스 머랭법)을 준비합니다.

② 7개의 볼에 동일한 양의 반죽을 담고 각각의 색소를 넣어줍니다.

point 여기에서는 각각의 볼에 레드레드(1방울), 골덴열로우(1방울), 브라이트오렌지(1방울), 네온브라이트블루(1방울), 네이비블루(1방울), 포레스트그린(1방울), 바이올렛(1방울)을 사용하였습니다.

③ 반죽을 볼의 벽면에 펼쳤다 모았다를 반복하며 마카로나주를 마무리합니다. (31p)

point 레인보우 코크는 반죽을 여러 가지 색으로 나누어 색소를 섞어야 하기 때문에 마카로나주가 과하게 되지 않도록 힘을 빼고 살살 섞어주는 것이 중요합니다.

④ 입구를 자르지 않은 짤주머니 7개를 준비해 각각의 반죽을 넣고 스크레이퍼로 반죽을 짤주머니 앞쪽으로 몰아줍니다.

point 14인치 짤주머니에 반죽을 넣을 경우 7가지 반죽을 25g씩 소분해 넣어야 짤주머니 안에서 여러 가지 색이 골고루 나올 수 있습니다.

⑤ 짤주머니에 원하는 깍지를 끼운 후 ④의 짤주머니의 입구를 잘라 7개의 짤주머니를 모두 넣어줍니다.

point 7개의 짤주머니 입구는 똑같은 크기로 잘라주어야 동일한 힘을 주어 짜낼 때 7가지 색이 골고루 마블링됩니다.

⑥ 짤주머니로 동그랗게 돌려가며 테프론시트 위에 지름 3.5~4cm로 반죽을 짜줍니다.

point 모든 머랭 기법에 활용할 수 있는 화려한 마블링 방법입니다. 7가지의 색이 모두 보이게 완성하기 위해서는 7개 색의 반죽이 골고루 나올 수 있도록 짤주머니의 위치와 힘이 들어가는 위치를 조절해가며 테스트해보는 것이 좋습니다.

04

도안을 활용한 코크
(1) 캐릭터 코크

도안을 활용해 코크를 만들면 더 다양한 모양으로 마카롱을 완성할 수 있습니다.
캐릭터 도안의 경우 얼굴이나 몸체와 같이 덩어리가 큰 부위를 먼저 짜 기준을 잡아준 후 나머지 부위는 반죽의 색깔별로 짜는 것이 편리합니다. 본 책의 184p 곰돌이 도안을 활용해보세요.

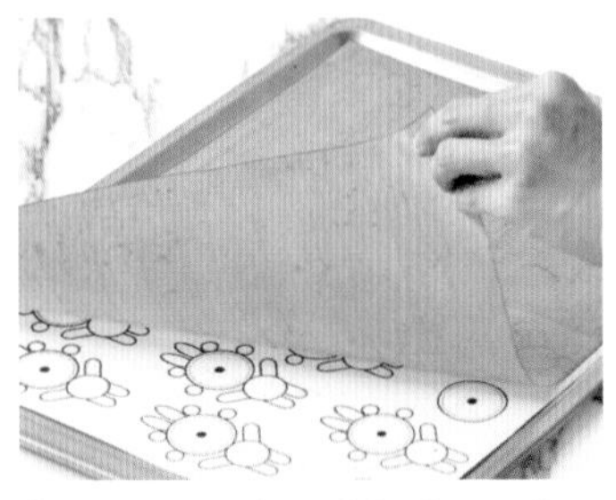

① 184p 곰돌이 도안을 테프론시트 밑에 깔아 준비합니다.

point 184p 도안은 다양한 귀 모양이 그려져 있습니다. 위치에 따라 곰돌이, 토끼로 완성할 수 있습니다.

② 머리와 몸통 부분을 먼저 짜줍니다.

point 전신 캐릭터 코크를 짤 경우에는 덩어리가 큰 머리와 몸통을 먼저 짜 중심을 잡아주는 것이 좋습니다.

③ 얼굴 색 반죽이 들어간 짤주머니로 얼굴을 짜줍니다.

④ 도안을 따라 다리-팔-귀 순서로 반죽을 짜 완성합니다.

point 여기에서는 도안의 동그란 귀를 이용했습니다.

⑤ 이쑤시개를 이용해 반죽의 표면을 매끄럽게 정리해 완성합니다.

point 구멍이 보이거나 반죽이 올라온 부분의 표면을 이쑤시개와 같이 뾰족한 것으로 둥글게 굴려가며 표면을 정리하면 매끈한 코크로 완성할 수 있습니다.

04

도안을 활용한 코크

(2) 조개 코크

조개 모양의 코크는 도안을 따라 좌에서 우로 반죽을 짜 완성합니다.
마카롱 제작 시 필링 사이에 진주 모양의 동그란 초콜릿으로 장식해 완성할 수 있습니다.
본 책의 187p 조개 도안을 활용해보세요.

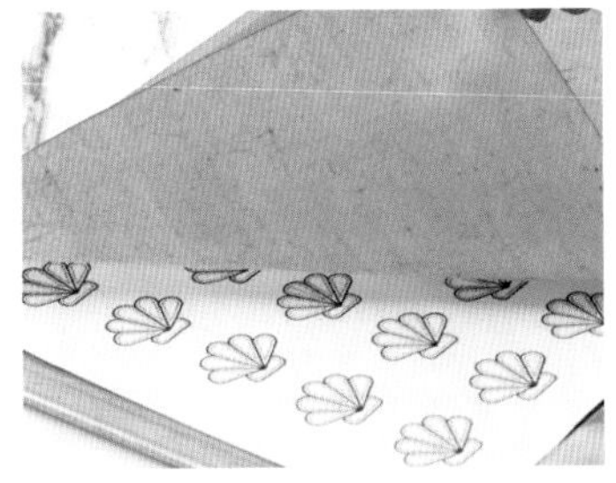

① 187p 조개 도안을 테프론시트 밑에 깔아 준비합니다.

② 도안을 따라 좌에서 우로 반죽을 짜줍니다.

③ 이쑤시개를 이용해 반죽의 표면을 매끄럽게 정리해줍니다.

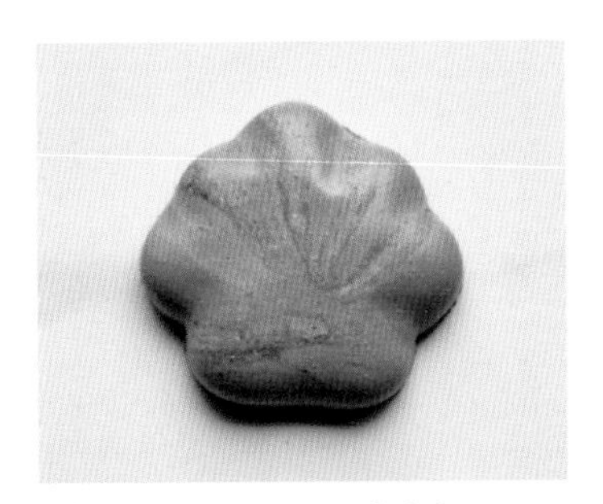

④ 완성된 조개 코크입니다.

04

도안을 활용한 코크

(3) 하트 코크

하트 코크는 도안을 따라 좌에서 우로 반죽을 짜 완성합니다.
코크 위에 아이싱으로 레터링을 하면 잘 어울립니다.
본 책의 188p 하트 도안을 활용해보세요.

① 188p 하트 도안을 테프론시트 밑에 깔아 준비합니다.

② 도안을 따라 좌에서 우로 반죽을 짜줍니다.

③ 이쑤시개를 이용해 반죽의 표면을 매끄럽게 정리해줍니다.

④ 완성된 하트 코크입니다.

04

도안을 활용한 코크

(4) 빼빼로 코크

빼빼로 코크는 도안을 따라 좌에서 우로 반죽을 짜 완성합니다.
필링을 채워 완성된 빼빼로 마카롱에 긴 과자나 막대를 꽂아 완성할 수 있습니다.
본 책의 185p 빼빼로 도안을 활용해보세요.

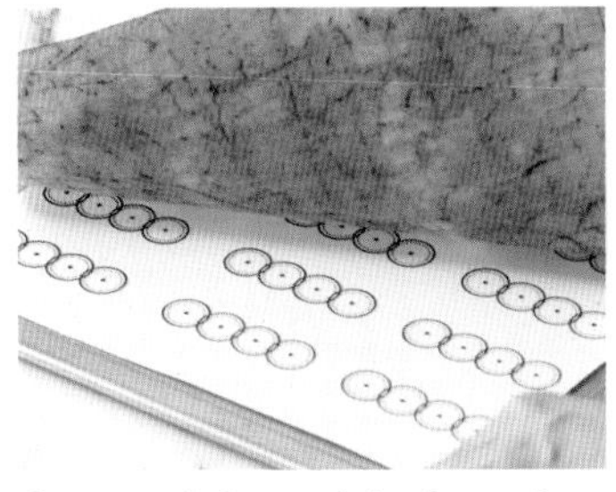

① 185p 빼빼로 도안을 테프론시트 밑에 깔아 준비합니다.

② 가장 위쪽 동그란 부분을 먼저 짜줍니다.

③ 도안을 따라 위에서 아래로 반죽을 짜줍니다.

④ 이쑤시개를 이용해 반죽의 표면을 매끄럽게 정리해줍니다.

⑤ 완성된 빼빼로 코크입니다.

04

도안을 활용한 코크

(5) 에클레어 코크

에클레어 코크는 도안을 따라 위에서 아래로 반죽을 짜 완성합니다.
본 책의 186p 에클레어 도안을 활용하면 미니 에클레어로 완성할 수 있습니다.

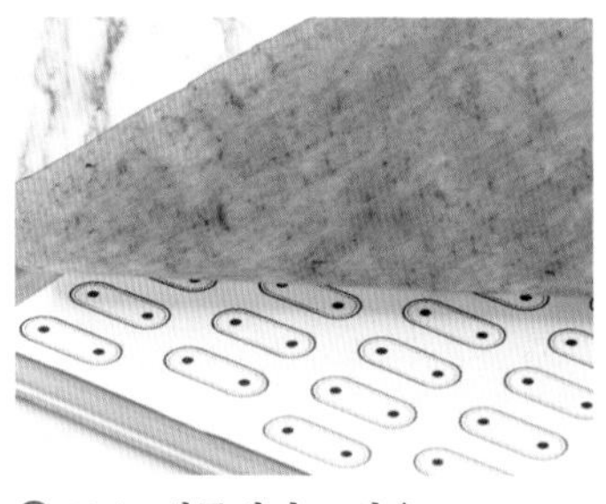

① 186p 에클레어 도안을 테프론시트 밑에 깔아 준비합니다.

② 도안을 따라 위에서 아래로 반죽을 짜줍니다.

③ 이쑤시개를 이용해 반죽의 표면을 매끄럽게 정리해줍니다.

④ 완성된 에클레어 코크입니다.

point 에클레어는 길쭉한 모양의 슈(choux) 페이스트리에 다양한 맛의 크림을 채워 만든 디저트로 에클레어 모양을 마카롱에 응용할 수 있습니다. 에클레어 마카롱의 길이는 필요에 따라 조절해가며 완성합니다.

Plus Tip

코크 조색 테스트

창업자를 위한 클래스를 진행하면서 조색에 관한 질문을 많이 듣습니다. 마카롱 코크는 식용색소 또는 천연색소를 이용해 색소의 양 조절, 색소끼리의 조합 방법으로 원하는 색을 만들 수 있습니다. 내가 원하는 색의 코크를 만들기 위해서는 여러 번의 테스트는 필수입니다. 원하는 색의 색소를 먼저 정한 후 아주 소량부터 조금씩 양을 늘려가며 테스트해보는 것이 좋습니다. 한 가지 색소로 색의 진함을 자유롭게 표현할 수 있을 때까지 테스트해보세요. 본 책의 레시피에서는 조색에 참고가 되도록 색소명(셰프마스터 기준)과 분량(1방울=0.3~0.5g)을 표기하였으니 참고하시기 바랍니다.

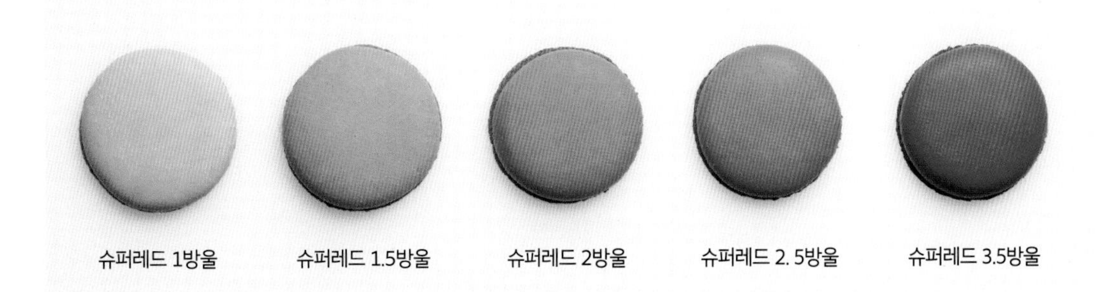

슈퍼레드 1방울　슈퍼레드 1.5방울　슈퍼레드 2방울　슈퍼레드 2. 5방울　슈퍼레드 3.5방울

05

캐릭터 마카롱을 위한 슈거 아이싱 코크

(1) 슈거 아이싱 준비하기

디저트에 글씨를 쓰는 레터링 작업을 하거나 그림을 그릴 때 슈거 아이싱 크림을 만들어 사용합니다.
마카롱에서는 주로 코크 위에 레터링을 하거나 캐릭터 코크를 만들고 그림을 그려
색을 입혀 완성하는 용도로 사용합니다.

MATERIAL

슈거파우더 150g
달걀흰자 30g
레몬즙 3g
식용색소 적당량

① 볼에 슈거파우더와 달걀흰자를 넣고 고속으로 1분간 휘핑합니다.

② 아이보리색에서 흰색으로 변하면 휘핑을 마무리합니다.

③ 레몬즙을 넣고 섞어가며 농도를 맞춰줍니다.

point 레몬즙은 달걀흰자를 살균해 아이싱 크림이 상하는 것을 방지하는 용도와 아이싱 크림의 농도를 조절하는 용도로 사용합니다. 달걀흰자 대신 머랭파우더를 사용할 수도 있습니다.

④ 주걱을 들어 올렸을 때 주륵주륵 천천히 흘러내리는 농도가 되도록 완성합니다.

⑤ 식용색소를 소량씩 넣고 섞어가면서 원하는 색으로 완성합니다.

05

캐릭터 마카롱을 위한 슈거 아이싱 코크

(2) 코르네 만들기

짤주머니를 사용할 수도 있지만 짤주머니로 아이싱을 짜면 긴 꼬리처럼 날카롭게 마무리되어 예쁘게 완성하기 어렵습니다. 짤주머니보다 얇은 투명 비닐로 코르네를 만들어 아이싱을 짜면 아이싱 크림 끝이 둥글게 마무리되어 예쁘게 완성할 수 있습니다.

MATERIAL

13~15cm 투명 비닐(OPP)
투명테이프

① 13~15cm 투명 비닐을 놓고 대각선 1/3 지점까지 삼각형을 접어줍니다.

② 왼쪽 필름을 삼각형을 접은 지점까지 접어줍니다.

③ 필름을 뒤집어 들어 아이싱이 들어갈 안쪽 부분에 손가락을 넣고 잡아줍니다.

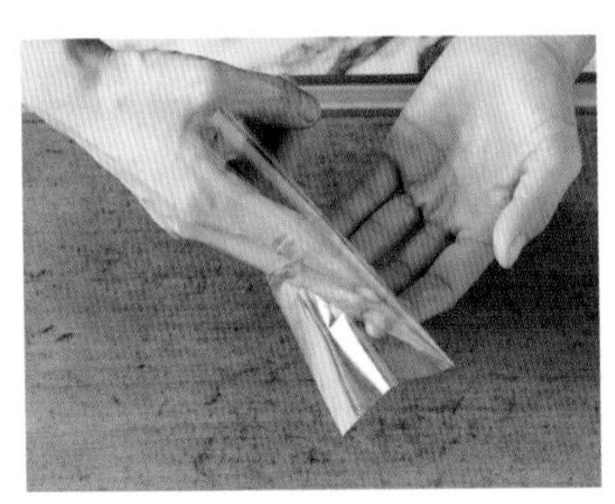

④ 손가락을 돌려가며 원뿔 모양으로 만들어줍니다.

⑤ 마무리 지점을 테이프로 고정시켜줍니다.

⑥ 아이싱 크림을 넣고
스크레이퍼로 아이싱 크림을 코르네
앞부분까지 밀어줍니다.

⑦ 코르네 뒷부분을 화살표
방향으로 접어줍니다.

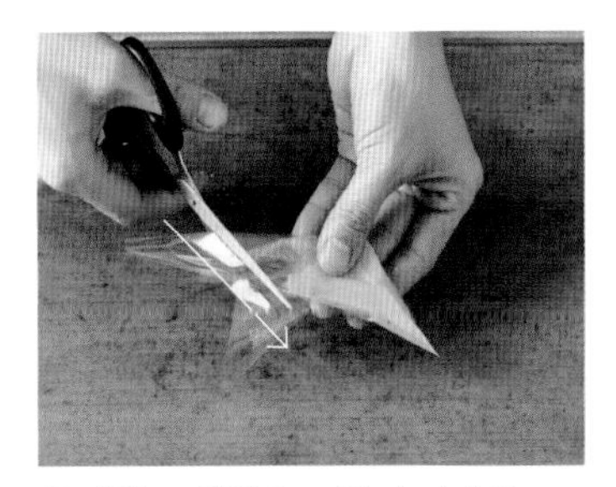

⑧ 화살표 방향으로 투명 비닐을
잘라줍니다.

⑨ 반대편 부분을 안쪽으로
접어줍니다.

⑩ 투명 비닐을 아이싱 크림
쪽으로 말아 접어준 후 테이프로
고정시켜줍니다.

⑪ 입구를 가위로 잘라 사용합니다.

⑫ 완성된 코르네입니다.

05

캐릭터 마카롱을 위한 슈거 아이싱 코크
(3) 아이싱하기

66p에서 만든 캐릭터 코크를 아이싱으로 완성해보겠습니다.
아이싱을 연습해 캐릭터 마카롱, 레터링 마카롱에 다양하게 활용할 수 있습니다.
아이싱 크림 만드는 방법은 72p를 참고하세요.

MATERIAL
13~15cm 투명 비닐(OPP)
투명테이프

① 색소를 사용하지 않은 흰색 아이싱 크림을 이용해 수염을 그려줍니다.

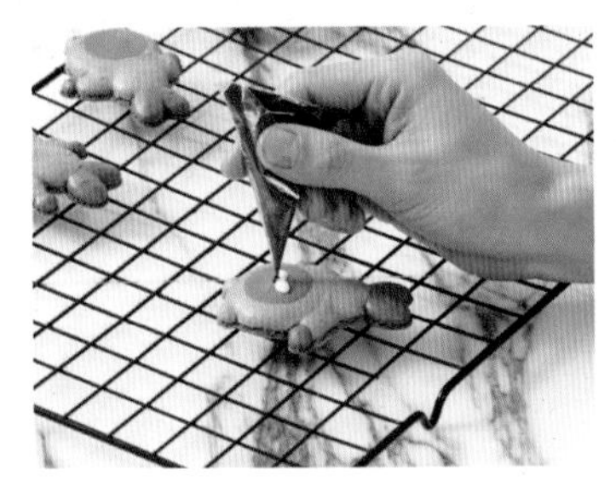
② 검정 색소를 섞은 아이싱 크림으로 코를 그려줍니다.

③ 눈썹과 눈을 그려줍니다.

④ 발 부분에 신발을 그려줍니다.

⑤ 완성된 모습입니다.

06
로고를 새긴 코크

답례품이나 기업 행사에 활용하기 좋은 기법입니다.
커팅기로 로고를 표현할 스텐실을 만들고 에어브러시로 식용색소를 뿌려 빠르고 손쉽게
로고를 활용한 데커레이션을 완성할 수 있습니다.

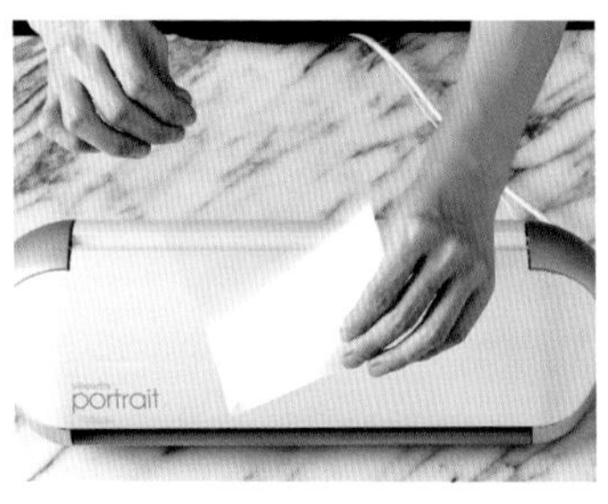

① 커팅기와 판을 이용하여
스텐실을 만듭니다.

point 여기에서는 실루엣코리아의 커팅기와
OHP필름지를 사용했습니다.

② 마카롱 코크 위 원하는 위치에
완성된 스텐실을 올려줍니다.

③ 식용색소를 넣고 컴프레셔에
연결된 에어브러시로 식용색소를
뿌려 로고를 만들어줍니다.

poin 에어브러시 인쇄 용액은
식용색소(윌튼, 셰프마스터 색소)를
사용합니다. 여기에서는 셰프마스터 흰색
색소를 사용하였습니다.

④ 완성된 모습입니다.

07
탑 데코 코크

여러 가지 데커레이션 재료를 이용해 더욱 다양한 마카롱을 완성할 수 있습니다.
초콜릿, 스프링클, 금박 등 다양한 재료를 활용해보세요.

금박 코크

식용 금을 팬닝한 마카롱 반죽 위에 데커레이션한 후 구워줍니다.

크리스털슈거 코크

크리스털슈거를 팬닝한 마카롱 반죽 위에 데커레이션한 후 구워줍니다.

식용장미 코크

식용장미 단독 또는 크리스털슈거와 함께 마카롱 반죽 위에 데커레이션한 후 구워줍니다.

초콜릿 코크

여러 가지 초콜릿을 팬닝한 마카롱 반죽 위에 데커레이션한 후 구워줍니다.

스프링클 코크

설탕으로 만든 스프링클을 팬닝한 마카롱 반죽 위에 스프링클을 데커레이션한 후 구워줍니다.

CLASS 03

필링의 베이스가 되는

버터크림 레시피

macarons

01
앙글레즈 버터크림

우유, 달걀노른자, 설탕을 끓여 앙글레즈 크림을 만들고 버터를 섞어 완성하는 버터크림입니다.
우유와 달걀노른자가 들어가 연한 노란 빛을 띠며 다른 버터크림보다 고소함이 진하게 느껴져
견과류, 콩류가 들어가는 마카롱에 잘 어울립니다.

COQUE

마카롱 20개 분량

MATERIAL

버터 200g
우유 80g
달걀노른자 50g
설탕A 30g
설탕B 20g
바닐라빈 1개

① 우유, 바닐라빈, 설탕A를 냄비에 모두 넣고 50도까지 데워 준비합니다.

② 달걀노른자, 설탕B를 볼에 넣고 손거품기로 섞어줍니다.

③ ②에 ①을 조금씩 부어가며 섞어줍니다.

④ ③을 다시 냄비에 넣고 80~85도 약불에서 손거품기로 저어가며 앙글레즈 크림을 만듭니다.

⑤ ④의 냄비를 얼음물에 살짝 담가두었다 빼 냄비의 열을 식혀줍니다.

⑥ 앙글레즈 크림을 고운체에 걸러줍니다.

point 체에 거른 앙글레즈 크림은 차갑게 식혀줍니다.

⑦ 포마드 상태의 버터를 중속으로 1분 정도 부드럽게 풀어줍니다.

point 진한 우유 맛이 강한 에쉬레버터를 사용하면 버터 특유의 풍미가 살아 있는 진한 버터크림으로 완성할 수 있습니다.

⑧ ⑥을 세 번에 나누어 넣으면서 중속으로 1분, 고속으로 1분, 저속으로 1분간 휘핑하여 부드럽고 고소한 앙글레즈 버터크림을 완성합니다.

02
이탈리안 버터크림

머랭에 뜨거운 시럽을 부어 만드는 버터크림으로 달걀노른자가 들어가지 않아
흰색 크림으로 완성되며 깔끔한 맛이 특징입니다. 잼류, 과일류가 들어가는 마카롱에 잘 어울립니다.

COQUE
마카롱 20개 분량

MATERIAL
버터 200g
설탕 55g
물 25g
달걀흰자 45g
밀크리큐르 1g

① 달걀흰자를 휘핑기로 중속으로 1분, 고속으로 30초간 휘핑합니다.

② 물과 설탕을 냄비에 넣고 117~118도까지 끓여 시럽을 만들어줍니다.

point ①을 휘핑하는 동안 준비합니다.

③ 만들어진 뜨거운 시럽을 ①에 가늘게 떨어지도록 넣으면서 고속으로 1분~1분 30초 휘핑합니다.

④ 볼 밑을 만졌을 때 미지근한 상태로 식고, 휘핑날을 들어올렸을 때 머랭이 독수리 부리 모양으로 완성되는지 확인한 후 마무리합니다.

point 90%로 머랭이 올라온 상태입니다.

⑤ 포마드 상태의 버터를 준비합니다.

point 여기에서는 서울우유 버터를 사용했습니다.

⑥ 버터를 다섯 번에 걸쳐 나누어 넣어가며 휘핑기로 중속으로 1분 30초, 고속으로 1분, 저속으로 1분간 휘핑하여 부드러운 우유 버터크림을 만들어줍니다.

⑦ 밀크리큐르 1g을 섞어 완성합니다.

point 밀크리큐르는 생략해도 무방하지만 첨가할 경우 고소한 우유의 풍미를 더 진하게 낼 수 있습니다.

03
파트아봄브 버터크림

달걀노른자에 뜨거운 시럽을 부어 만드는 크림입니다.
달걀노른자는 들어가고 우유는 들어가지 않아 3가지 크림 중 가장 진한 노란 빛을 띱니다.
버터의 풍부한 풍미가 느껴지는 것이 특징입니다.
깔끔한 맛으로 찻잎이나 티백을 우려내 만드는 마카롱에 잘 어울립니다.

COQUE
마카롱 20개 분량

MATERIAL
버터 200g
설탕 75g
달걀노른자 70g
물 50g

① 달걀노른자를 중속으로 1분, 고속으로 30초간 휘핑합니다.

② ①이 완성될 동안 물과 설탕을 냄비에 넣어 118도까지 끓여 시럽을 만들어줍니다.

③ ②를 ①에 볼을 타고 가늘게 떨어지도록 넣으면서 중속으로 1분, 고속으로 1분 30초간 휘핑합니다.

④ 부드럽게 풀어진 포마드 상태의 버터를 다섯 번에 나누어 넣어주면서 중속으로 1분, 고속으로 1분, 저속으로 40초간 휘핑합니다.

point 여기에서는 부드럽고 깔끔한 맛을 내는 이즈니버터를 사용하였습니다.

⑤ 완성된 파트아봄브 버터크림입니다.

Plus Tip

804번 깍지를 활용한

기본 몽타주

가장 많이 사용하는 804번 원형 깍지입니다.
코크 전체를 채우거나 필링을 넣을 공간을 남겨두고 가장자리만 둘러 짤 수 있습니다.

① 왼손은 코크를 잡고 오른손은 짤주머니를 잡아 시작점(코크 가장자리)에 위치시켜줍니다.

point 804번 깍지는 마카롱 몽타주에 가장 많이 사용하는 깍지로 코크 2개를 겹쳐놓은 크기와 동일한 높이로 크림이 짜집니다.

② 바깥쪽에서 시작해 코크 중앙으로 돌아 들어오면서 코크 전체에 크림을 채워줍니다.

③ 사용한 마카롱 코크와 같은 크기의 코크를 살포시 덮어 마무리합니다.

Plus Tip

806번 깍지를 활용한
필링을 넣는 몽타주

804번 깍지보다 입구가 큰 원형 깍지입니다.
두 바퀴를 돌려 마무리하면 뚱카롱으로 완성할 수 있습니다.

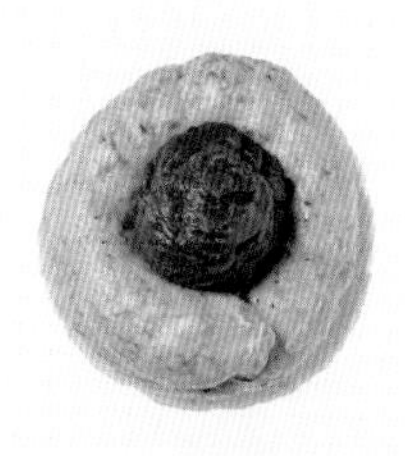

① 왼손은 코크를 잡고 오른손은 짤주머니를 잡아 시작점(코크 가장자리)에 위치시켜줍니다.

point 806번 깍지는 입구가 1.3cm인 깍지로 동그랗게 둘러 짜 통통한 필링을 완성하기에 적합합니다. 뚱카롱을 만들 때 많이 사용합니다.

② 편한 방향으로 크림을 짜 가장자리를 둘러줍니다.

poin 가운데 빈 공간에 필링을 채우고 코크를 덮어 완성합니다.

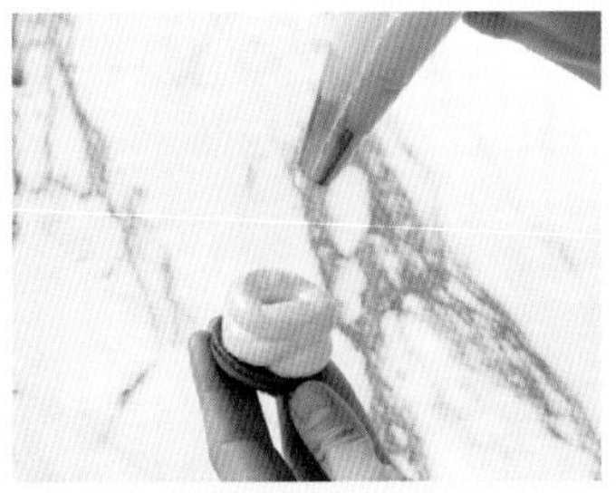

③ 한 바퀴 더 돌아 완성하면 크림과 필링이 2배로 들어가는 뚱카롱으로 완성됩니다.

Plus Tip

809번 깍지를 활용한

뚱카롱 몽타주

806번 깍지보다 입구가 큰 원형 깍지입니다. 코크 중앙에서 서서히 짜 완성합니다.
마시멜로우처럼 표면이 윤기 있는 필링을 사용할 때 잘 어울리는 깍지입니다.

① 왼손은 마카롱을 잡고 오른손은 짤주머니를 잡아 마카롱 정중앙에 위치시켜줍니다.

point 1.7cm 깍지로 코크 가운데에서 한 번에 쭉 짜 위로 빼내 물방울 모양으로 완성할 수 있습니다. 뚱카롱을 만들 때 많이 사용합니다.

② 코크 가장자리와 가까워질 때까지 크림을 짜줍니다.

③ 깍지를 수직으로 빼내고 코크를 덮어 완성합니다.

CLASS 04

다양한 필링으로 완성하는

마카롱 레시피

macarons

01
허니와인무화과 마카롱

20개 분량

COQUE

20쌍, 프렌치 머랭(30p)

COLOR

슈퍼레드(6방울), 로즈핑크(2방울)

MATERIAL

허니와인무화과 조림 반건조 무화과 100g, 레드와인 50g, 다크 럼 또는 화이트 럼 30g, 꿀 25g

허니와인무화과 버터크림 파트아봄브 버터크림(86p) 또는 앙글레즈 버터크림(82p) 100g, 허니와인무화과 조림 15g

① 반건조 무화과, 레드와인, 다크 럼을 잘 섞고 12시간 정도 두어 반건조 무화과를 불려 준비합니다.

point 프랑스 보르도 지역에서 생산하는 달콤한 맛의 강한 레드와인을 사용했습니다.

② ①에 꿀을 넣고 센불에 올려 끓기 시작하면 중불로 바꿔 3분 정도 더 끓여 졸여줍니다.

③ 완성된 허니와인무화과 조림입니다.

④ 완성된 허니와인무화과 조림을 충분히 식혀준 후 사방 0.3cm로 잘게 잘라 파트아봄브 버터크림과 섞어 허니와인무화과 버터크림을 완성합니다.

point 허니와인무화과 버터크림을 만들 때는 파트아봄브 버터크림과 앙글레즈 버터크림을 모두 사용할 수 있습니다.

⑤ 804번 깍지를 끼운 짤주머니에 허니와인무화과 버터크림을 담아 코크에 동그랗게 짜준 후 코크 가운데에 허니와인무화과 조림을 넣고 코크를 덮어 완성합니다.

02
레몬 콩피추르 마카롱

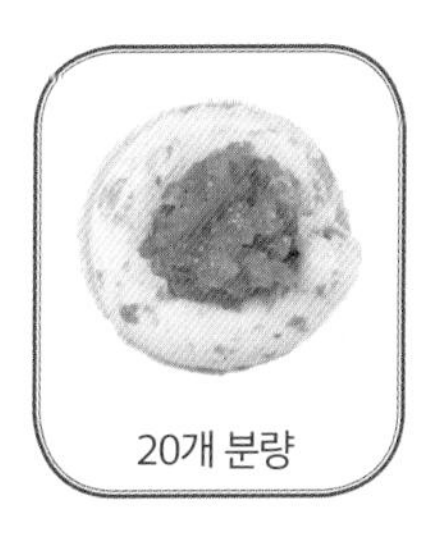
20개 분량

COQUE
20쌍, 프렌치 머랭(30p)

COLOR
버건디(4방울), 레드레드(1방울)

MATERIAL
레몬 콩피추르 전처리한 레몬 160g, 설탕 110g, 패션후르츠 퓌레 95g, 레몬즙 12g, 바닐라빈 1개
레몬 버터크림 이탈리안 버터크림(84p) 100g, 레몬 콩피추르 20g

① 레몬은 베이킹소다와 구연산을 섞은 물에서 깨끗이 문질러주며 씻어 냄비에 넣고 한소끔 끓인 후 냄비에 물을 갈아가며 다시 끓여줍니다.

point 이 과정을 4~5번 반복해야 레몬 표면의 왁스와 이물질이 깨끗이 제거되고 레몬의 쓴맛도 없어집니다.

② 레몬을 식혀 물기를 제거한 후 씨를 발라내고 푸드프로세서에서 곱게 갈아 전처리해줍니다.

③ 전처리한 레몬과 패션후르츠 퓌레, 설탕을 냄비에 넣고 주걱으로 갈랐을 때 지나간 자리가 보일 때까지 센불로 끓여줍니다.

④ 레몬즙과 바닐라빈을 넣어 끓여 레몬 콩피추르를 완성합니다. 끓인 내용물을 찬물에 떨어뜨렸을 때 바로 퍼지지 않고 뭉쳐있으면 적당한 농도로 완성된 것입니다.

⑤ 완성된 레몬 콩피추르는 차갑게 식힌 후 이탈리안 버터크림과 섞어 레몬 버터크림을 완성합니다.

⑥ 804번 깍지를 낀 짤주머니에 완성된 레몬 버터크림을 넣어 코크에 동그랗게 둘러 짜준 후 코크 가운데 레몬 콩피추르를 넣고 코크를 덮어 완성합니다.

03
코코망고후르츠 마카롱

20개 분량

COQUE

20쌍, 프렌치 머랭(30p)

COLOR

골덴엘로우(3방울),
레드레드(3방울),
콜블랙(4방울),
네온브라이트블루(2방울),
티얼그린(2방울)

MATERIAL

코코망고후르츠 콩포트

망고 과육 80g,
패션후르츠 퓌레 60g,
설탕 80g, 코코넛밀크 20g,
레몬즙 3g, 코코넛리큐르 1g

코코망고후르츠 버터크림

이탈리안 버터크림(84p) 100g,
코코망고후르츠 콩포트 20g

1

2

3

4

5

① 망고는 사방 0.3cm 정도로 썰어 푸드프로세서에 갈아준 후 설탕에 버무려 12시간 정도 재워 준비합니다.

② 설탕에 버무린 망고, 패션후르츠 퓌레를 냄비에 넣고 센불로 끓여줍니다.

③ 코코넛밀크, 레몬즙을 넣어 센불로 1분~1분 30초간 끓여줍니다.

④ 코코넛리큐르를 넣고 10초 정도 끓여 코코망고후르츠 콩포트를 완성합니다.

point 주걱으로 바닥을 갈랐을 때 바닥이 보일 때까지 끓여줍니다. 끓인 내용물을 찬물에 떨어뜨렸을 때 바로 퍼지지 않고 뭉쳐있으면 적당한 농도로 완성된 것입니다.

⑤ 이탈리안 버터크림에 코코망고후르츠 콩포트를 섞어 코코망고후르츠 버터크림을 완성합니다.

⑥ 804번 깍지를 끼운 짤주머니에 코코망고후르츠 버터크림을 넣어 코크에 동그랗게 짜준 후 코크 가운데 코코망고후르츠 콩포트를 넣고 코크를 덮어 완성합니다.

04
카시스베리치즈케이크 마카롱

20개 분량

COQUE

20쌍, 프렌치 머랭(30p)

COLOR

네온브라이트퍼플(7방울), 네이비블루(1방울), 버건디와인(1방울)

MATERIAL

카시스베리 콩포트 블루베리 80g, 블랙커런트(카시스) 퓌레 75g, 설탕 70g, 레몬즙 3g, 키르쉬 1g

카시스베리 버터크림 이탈리안 버터크림(84p) 100g, 카시스베리 콩포트 23g

필링 속 재료 콰트로치즈케이크(177p) 적당량

① 블루베리는 깨끗이 씻어 물기를 제거한 후 설탕으로 버무려 12시간 정도 재워 준비합니다.

② 설탕에 재운 블루베리와 블랙커런트(카시스) 퓌레를 냄비에 넣고 센불로 끓여줍니다.

③ 레몬즙과 키르쉬를 넣어 센불로 30초~1분 정도 더 끓여 카시스베리 콩포트를 완성합니다.

point 끓인 내용물을 찬물에 떨어뜨렸을 때 바로 퍼지지 않고 뭉쳐있으면 적당한 농도로 완성된 것입니다.

④ 이탈리안 버터크림에 카시스베리 콩포트를 섞어 카시스베리 버터크림을 완성합니다.

⑤ 804번 깍지를 끼운 짤주머니에 카시스베리 버터크림을 넣어 코크에 동그랗게 짜준 후 코크 가운데에 카시스베리 콩포트를 넣고 콰트로치즈케이크를 올려줍니다. 카시스베리 버터크림을 짠 코크를 덮어 완성합니다.

05
후람보아즈밀크 마카롱

20개 분량

COQUE

20쌍, 프렌치 머랭(30p)

COLOR

슈퍼레드(4방울), 바이올렛(1방울)

MATERIAL

후람보아즈밀크 콩포트 산딸기 과육 130g, 설탕 65g, 레몬즙 5g, 밀크리큐르 1g

후람보아즈밀크 버터크림 이탈리안 버터크림(84p) 100g, 후람보아즈밀크 콩포트 20g

① 산딸기 과육을 깨끗이 씻은 후 물기를 제거해 설탕과 버무려 12시간 정도 재워 준비합니다.

point 여기에서는 프랑스산 산딸기를 사용했습니다. 국내산 산딸기 또는 프랑스산 라즈베리 퓌레로 대체해도 좋습니다.

② 설탕에 재운 산딸기를 냄비에 넣고 센불로 끓여 주걱으로 바닥을 갈랐을 때 바닥이 보일 때까지 끓여줍니다.

③ 레몬즙을 넣고 센불로 1분 정도 더 끓여준 후 밀크리큐르를 넣고 10초간 더 끓여 후람보아즈밀크 콩포트를 완성합니다.

point 끓인 내용물을 찬물에 떨어뜨렸을 때 바로 퍼지지 않고 뭉쳐있으면 적당한 농도로 완성된 것입니다.

④ 이탈리안 버터크림과 후람보아즈밀크 콩포트를 섞어 후람보아즈밀크 버터크림을 완성합니다.

⑤ 804번 깍지를 끼운 짤주머니에 후람보아즈밀크 버터크림을 넣어 코크에 동그랗게 짜준 후 코크 가운데 후람보아즈밀크 콩포트를 넣고 코크를 덮어 완성합니다.

06

골드키위연유 마카롱

20개 분량

COQUE

20쌍, 프렌치 머랭(30p)

COLOR

골덴옐로우(2방울), 브라이트오렌지(1방울), 콜블랙(0.5방울)

MATERIAL

골드키위 콩포트 골드키위 과육 100g, 설탕 55g, 밀크잼(131p) 20g, 레몬즙 2g

골드키위 버터크림 이탈리안 버터크림(84p) 100g, 골드키위 콩포트 35g

필링 골드키위 콩포트, 밀크잼 적당량

① 골드키위 과육과 설탕을 버무려 12시간 정도 재워 준비합니다.

② 재워둔 골드키위를 냄비에 넣고 센 불로 끓여줍니다.

③ 밀크잼, 레몬즙을 넣어 센 불로 1분 정도 끓여 골드키위 콩포트를 완성합니다.

point 주걱으로 바닥을 갈랐을 때 바닥이 보일 때까지 끓여줍니다. 끓인 내용물을 찬물에 떨어뜨렸을 때 바로 퍼지지 않고 뭉쳐있으면 적당한 농도로 완성된 것입니다.

④ 이탈리안 버터크림과 골드키위 콩포트를 섞어 골드키위 버터크림을 완성합니다.

⑤ 804번 깍지를 끼운 짤주머니에 골드키위 버터크림을 넣고 코크에 동그랗게 두 바퀴 짠 후 가운데에 골드키위 콩포트와 밀크잼을 넣고 코크를 덮어 완성합니다.

07
황도요거트 마카롱

20개 분량

COQUE

20쌍, 프렌치 머랭(30p)

COLOR

네온브라이트오렌지(3방울)

MATERIAL

황도 콩포트 황도복숭아 과육 160g, 설탕 70g, 레몬즙 2g

황도요거트 버터크림 이탈리안 버터크림(84p) 100g, 우유 5g, 요거트파우더 15g, 황도 콩포트 18g

① 황도복숭아 과육을 설탕과 버무려 12시간 정도 재워 준비합니다.

② 설탕에 재운 황도복숭아 과육을 냄비에 넣고 센불로 끓여줍니다.

③ 레몬즙을 넣고 다시 센불로 1분 정도 졸여 황도 콩포트를 완성합니다.

point 끓인 내용물을 찬물에 떨어뜨렸을 때 바로 퍼지지 않고 뭉쳐있으면 적당한 농도로 완성된 것입니다.

④ 우유에 요거트파우더를 녹인 후 이탈리안 버터크림과 황도 콩포트를 섞어 황도요거트 버터크림을 완성합니다.

⑤ 804번 깍지를 끼운 짤주머니에 황도요거트 버터크림을 넣어 코크에 동그랗게 짜준 후 코크 가운데 황도 콩포트를 넣고 코크를 덮어 완성합니다.

08
오렌지마멀레이드 마카롱

20개 분량

COQUE

20쌍, 프렌치 머랭(30p)

COLOR

튤립레드(4방울)

MATERIAL

오렌지마멀레이드

오렌지 130g, 설탕 95g,
물 13g, 오렌지즙 10g,
오렌지 리큐르(쿠앵트로) 3g,
시나몬스틱 1/2개,
바닐라빈 1/2개

오렌지마멀레이드 버터크림

이탈리안 버터크림(84p) 100g,
오렌지마멀레이드 23g

① 오렌지는 베이킹소다와 구연산을 섞은 물에서 깨끗이 문질러주며 씻은 후 냄비에 넣고 한소끔 끓여 물을 버리고 다시 새로운 물로 끓여주는 과정을 4~5회 반복합니다. 오렌지를 식힌 후 껍질과 과육을 0.3~0.5mm 정도로 얇게 채썰어줍니다.

point 오렌지가 충분히 잠길 만큼 물을 담아줍니다. 깊은 냄비를 이용하는 것이 좋습니다.

② 냄비에 물, 설탕, 시나몬스틱을 넣고 센불에 올려 물이 끓기 시작하면 40초간 더 끓여줍니다.

③ 채 썬 오렌지와 오렌지즙을 넣고 센불로 1분간 끓여준 후 바닐라빈을 넣고 다시 30초 정도 끓여줍니다.

④ 불에서 내려 시나몬스틱과 바닐라빈을 꺼낸 후 다시 센불로 끓여줍니다.

⑤ 오렌시 리큐르를 넣고 다시 센불로 10초 정도 끓여 오렌지마멀레이드를 완성합니다.

point 끓인 내용물을 찬물에 떨어뜨렸을 때 바로 퍼지지 않고 뭉쳐있으면 적당한 농도로 완성된 것입니다.

⑥ 이탈리안 버터크림에 오렌지마멀레이드를 섞어 오렌지마멀레이드 버터크림을 완성합니다.

⑦ 804번 깍지를 낀 짤 주머니에 오렌지마멀레이드 버터크림을 넣어 코크에 동그랗게 짜준 후 코크 가운데 오렌지마멀레이드를 넣고 코크를 덮어 완성합니다.

09
시트롱헤이즐넛 마카롱

20개 분량

COQUE

20쌍, 프렌치 머랭(30p)

COLOR

골덴옐로우(4방울),
버크아이브라운(4방울),
플래시톤(2방울)

MATERIAL

헤이즐넛 크림
밀크초콜릿 80g, 우유 45g,
헤이즐넛 페이스트(159p) 20g,
달걀노른자 18g, 설탕 5g

헤이즐넛 버터크림
이탈리안 버터크림(84p) 100g,
헤이즐넛 크림 30g

필링
레몬 콩피추르(97p) 적당량

① 냄비에 우유를 넣고 50도까지 끓여줍니다.

② 달걀노른자와 설탕을 볼에 넣고 손거품기로 설탕이 녹을 때까지 섞어줍니다.

③ ②에 ①을 조금씩 넣으면서 섞어줍니다.

④ ③을 다시 냄비에 넣고 80~85도가 될 때까지 끓인 후 불에서 내려줍니다.

⑤ ④에 밀크초콜릿, 헤이즐넛 페이스트를 넣고 섞은 후 차갑게 식혀 헤이즐넛 크림을 완성합니다.

⑥ 이탈리안 버터크림과 헤이즐넛 크림을 섞어 헤이즐넛 버터크림을 완성합니다.

point 진한 초콜릿 맛을 원한다면 이탈리안 버터크림을 섞지 않고 식힌 헤이즐넛 버터크림만 사용해도 좋습니다.

⑦ 804번 깍지를 낀 짤 주머니에 헤이즐넛 버터크림을 넣어 코크에 동그랗게 짜준 후 코크 가운데 레몬 콩피추르를 넣고 코크를 덮어 완성합니다.

10
딸기아이스크림 마카롱

20개 분량

COQUE
20쌍, 프렌치 머랭(30p)

COLOR
무색소

MATERIAL
딸기 콩포트 딸기 120g, 설탕 60g, 레몬즙 2g
딸기 버터크림 이탈리안 버터크림(84p) 100g, 딸기 콩포트 25g
데커레이션 코팅용 초콜릿 적당량, 크런치 적당량, 미니 콘 과자 20개

① 딸기는 깨끗이 씻어 물기를 제거한 후 설탕으로 버무려 12시간 정도 재워 준비합니다.

② 재워둔 딸기를 냄비에 넣고 센불로 끓여줍니다.

③ 레몬즙을 넣고 다시 센불로 1분 정도 끓여 딸기 콩포트를 완성합니다.
point 끓인 내용물을 찬물에 떨어뜨렸을 때 바로 퍼지지 않고 뭉쳐있으면 적당한 농도로 완성된 것입니다.

④ 이탈리안 버터크림과 딸기 콩포트를 섞어 딸기 버터크림을 완성합니다.

⑤ 804번 깍지를 끼운 짤주머니에 딸기 버터크림을 넣어 코크에 동그랗게 짜준 후 코크 가운데 딸기 콩포트를 넣고 코크를 덮어줍니다. 코팅초콜릿을 녹여 마카롱에 묻혀준 후 크런치를 묻히고 미니 콘 과자를 고정시켜 완성합니다.

11
잔두야가나슈블럭 마카롱

20개 분량

COQUE

20쌍, 프렌치 머랭(30p)

COLOR

콜블랙(6방울),
네이비블루(1방울)

MATERIAL

잔두야가나슈블럭
잔두야초콜릿 100g,
생크림A 25g, 버터A 10g

가나슈
다크초콜릿 80g, 생크림B 75g,
버터B 25g, 트리몰린 7g

① 잔두야초콜릿은 중탕해 녹이고 생크림A는 50도로 데운 후 함께 섞어줍니다.

② ①에 버터A를 넣고 다시 한 번 잘 섞어줍니다.

③ ②를 사각 틀에 넣고 랩핑한 후 냉동실에서 1시간 굳혀줍니다.

④ ③을 사방 1cm로 잘라 잔두야가나슈블럭을 완성합니다.

⑤ 다크초콜릿, 트리몰린은 중탕하고 생크림B는 50도로 데워 섞어줍니다.

⑥ ⑤에 버터B를 넣어 녹여준 후 부드럽게 굳혀 가나슈를 완성합니다.

⑦ 804번 깍지를 낀 짤주머니에 완성된 가나슈를 넣어 코크에 두 바퀴 짜준 후 코크 가운데 잔두야가나슈블럭을 넣고 고그를 덮어 완성합니다.

12
리얼다크브라우니 마카롱

20개 분량

COQUE
20쌍, 프렌치 머랭(30p)

COLOR
무색소(코코아 코크 51p)

MATERIAL
가나슈 70% 다크초콜릿 100g, 생크림 87g, 트리몰린 10g, 버터 10g
필링 속 재료 리얼다크브라우니(179p) 적당량

1

2

3

① 냄비에 다크초콜릿, 트리몰린을 넣고 중탕으로 녹여줍니다.
point 여기에서는 발로나 과나하 다크초콜릿을 사용했습니다.

② 생크림은 50도로 데워 ①과 함께 섞어줍니다.

③ ②에 버터를 넣고 다시 한 번 섞어 가나슈를 완성합니다.

④ 가나슈를 30도 정도로 식혀 굳힌 후 804번 깍지를 끼운 짤 주머니에 담아 코크에 동그랗게 짠 후 코크 가운데 리얼다크브라우니를 올려줍니다. 가나슈를 짠 코크를 덮어 완성합니다.

13
로쉐 마카롱

20개 분량

COQUE

20쌍, 프렌치 머랭(30p)

COLOR

바이올렛(5방울), 네온브라이트퍼플(3방울), 네이비블루(1방울)

MATERIAL

로쉐 크림 밀크초콜릿 82g, 헤이즐넛 페이스트(159p) 45g, 무염버터 10g
로쉐 버터크림 로쉐 크림 90g, 파트아봄브 버터크림(86p) 25g

1

2

3

① 밀크초콜릿, 헤이즐넛 페이스트를 중탕으로 녹여줍니다.
point 여기에서는 발로나 지바라라떼 밀크초콜릿을 사용했습니다.

② ①을 불에서 내려 무염버터를 넣고 녹여준 후 차갑게 식혀 크림을 짜기 적당한 농도의 부드러운 로쉐 크림으로 완성합니다.

③ 로쉐 크림과 파트아봄브 버터크림을 섞어 로쉐 버터크림을 완성합니다.

④ 804번 깍지를 낀 짤주머니에 로쉐 버터크림을 동그랗게 짠 후 가운데에 로쉐 크림을 채워 코크를 덮어 완성합니다.
point 완성된 마카롱 가장자리의 크림에 파에테포요틴을 묻혀 바삭한 식감의 마카롱으로 완성해도 잘 어울립니다.

14
코코후람 마카롱

20개 분량

COQUE

20쌍, 프렌치 머랭(30p)

COLOR

슈퍼레드(7방울)

MATERIAL

코코후람 크림 화이트초콜릿 100g, 코코넛밀크 85g, 코코넛파우더 25g, 바닐라빈 1/2개

필링 후람보아즈밀크 콩포트(103p) 30g

① 화이트초콜릿을 중탕으로 녹여줍니다.

② 코코넛밀크는 50도로 데운 후 ①과 함께 섞어줍니다.

③ 바닐라빈을 갈라 씨를 긁어내어 ②에 넣고 섞어줍니다.

④ ③에 코코넛파우더를 넣고 섞은 후 부드러운 상태로 식혀 코코후람 크림을 완성합니다.

⑤ 804번 깍지를 낀 짤주머니에 코코후람 크림을 넣어 코크에 동그랗게 짜준 후 코크 가운데 후람보아즈밀크 콩포트를 넣고 코크를 덮어 완성합니다.

15
쇼콜라밀크티 마카롱

20개 분량

COQUE

20쌍, 이탈리안 머랭(33p)

COLOR

포레스트그린(4방울), 티얼그린(2방울), 네이비블루(1방울)

MATERIAL

쇼콜라밀크티 크림 생크림 85g, 밀크초콜릿 70g, 무염버터 30g, 다크초콜릿 9g, 트리몰린 6g, 얼그레이 디백 2개(4g)

필링 속 재료 잔두야가나슈블럭(115p) 적당량

① 생크림과 얼그레이 티백을 냄비에 넣고 50도로 데워 얼그레이잎을 우려냅니다.

② 밀크초콜릿, 다크초콜릿, 트리몰린은 중탕하여 녹여줍니다.

point 여기에서는 발로나 지바라라떼 밀크초콜릿, 발로나 과나하 다크초콜릿을 사용했습니다.

③ ②에 ①을 조금씩 부어가며 섞어줍니다.

④ ③에 무염버터를 넣고 섞은 후 차갑게 식혀 쇼콜라밀크티 크림을 완성합니다.

⑤ 804번을 낀 짤주머니에 쇼콜라밀크티 크림을 넣어 코크 위에 동그랗게 짜준 후 잔두야가나슈블럭을 올려 코크를 덮어 완성합니다.

16
초코말차바 마카롱

COQUE

20쌍, 이탈리안 머랭(33p)

COLOR

무색소

MATERIAL

트리플초코 크림

생크림 90g, 다크초콜릿 50g, 무염버터 30g, 밀크초콜릿 20g, 잔두야초콜릿 20g, 트리몰린 6g

말차 버터크림

파트아봄브 버터크림(86p)100g, 말차가루 15g

데커레이션

말차가루 적당량

① 생크림은 50도로 데워 준비합니다.

② 냄비에 밀크초콜릿, 다크초콜릿, 잔두야초콜릿, 트리몰린을 넣고 중탕으로 녹여줍니다.

point 여기에서는 발로나 지바라라떼 밀크초콜릿, 발로나 까라이브 다크초콜릿을 사용했습니다.

③ ②에 ①을 조금씩 부어가며 섞어줍니다.

④ ③에 무염버터를 넣고 섞어 30도 정도로 식혀 트리플초코 크림을 완성합니다.

⑤ 파트아봄브 버터크림과 말차가루를 섞어 말차 버터크림을 완성합니다.

⑥ 804번 깍지를 낀 짤주머니 2개에 트리플초코 크림, 말차 버터크림을 각각 넣고 코크 위에 번갈아가며 짜줍니다. 코크를 덮고 마카롱에 말차가루를 뿌려 완성합니다.

17
우지말차브라우니 마카롱

20개 분량

COQUE
20쌍, 이탈리안 머랭(33p)

COLOR
포레스트그린(1방울), 네온브라이트그린(3방울), 티얼그린(1방울)

MATERIAL
우지말차 버터크림 파트아봄브 버터크림(86p) 100g, 우지말차가루 15g
필링 속 재료 말차브라우니(181p) 적당량

1

2

① 말차브라우니는 3×2cm로 잘라 준비합니다.

② 파트아봄브 버터크림과 우지말차가루를 섞어 우지말차 버터크림을 완성합니다.

③ 804번 깍지를 낀 짤주머니에 우지말차 버터크림을 넣어 코크에 동그랗게 짜준 후 말차브라우니를 올려줍니다. 우지말차 버터크림을 짠 코크를 덮어 완성합니다.

18
말차라테 솔티바닐라 마카롱

20개 분량

COQUE

20쌍, 이탈리안 머랭(33p)

COLOR

포레스트그린(4방울), 브라운(1방울)

MATERIAL

커피 버터크림 앙글레즈 버터크림(82p) 60g, 에스프레소 5g, 깔루아 리큐르 2g
연유말차 버터크림 앙글레즈 버터크림 100g, 연유 12g, 우지말차 5g
솔티바닐라 버터크림 앙글레즈 버터크림 60g, 게랑드소금 1g, 바닐라빈 1개
필링 연유 또는 밀크잼(131p) 적당량

① 앙글레즈 버터크림에 에스프레소, 깔루아 리큐르를 넣고 섞어 커피 버터크림을 완성합니다.

② 연유에 우지말차를 녹인 후 앙글레즈 버터크림과 섞어 연유말차 버터크림을 완성합니다.
point 연유 대신 밀크잼(131p) 12g을 사용해도 좋습니다.

③ 앙글레즈 버터크림에 게랑드소금, 바닐라빈을 넣고 섞어 솔티바닐라 버터크림을 완성합니다.
point 바닐라빈은 반으로 길리 씨를 긁어내어 사용합니다.

④ 804번 깍지를 낀 짤주머니에 완성한 세 가지 크림을 각각 담아 코크에 크림을 동그랗게 두 바퀴 짜준 후 연유를 넣고 코크를 덮어 완성합니다.
point 필링을 동그랗게 짠 후 크림 가운데 연유를 넣어주면 말차의 쌉싸름한 맛이 중화됩니다.

19
웨딩임페리얼 마카롱

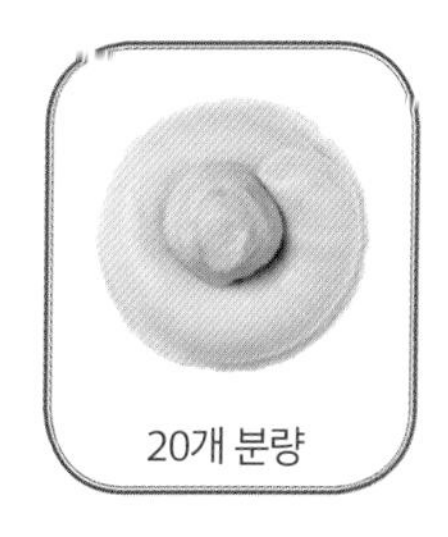
20개 분량

COQUE

20쌍, 이탈리안 머랭(33p)

COLOR

콜블랙(4방울),
버크아이브라운(4방울)

MATERIAL

웨딩임페리얼 스프레드

우유 300g, 생크림 180g,
설탕 70g, 웨딩임페리얼
티백 2개(4g)

※ 티백을 넣지 않고 완성하면
밀크잼으로 완성됩니다.

웨딩임페리얼 버터크림

파트아봄브 버터크림(86p) 100g,
웨딩임페리얼 스프레드 20g

① 깊은 냄비에 우유, 생크림, 설탕을 넣어 한소끔 끓여줍니다.

② ①에 웨딩임페리얼 티백을 넣은 후 센불로 큰 거품이 없어질 때까지 끓여줍니다.

point 여기에서는 마리아쥬 프레르 웨딩임페리얼 티백을 사용했습니다. 티백을 넣지 않고 완성하면 밀크잼으로 완성됩니다.

③ 큰 거품이 없어지고 작은 거품들이 보이기 시작하면 약불로 줄여 끓여줍니다.

④ 적당한 농도로 완성되면 불을 끄고 차갑게 식혀 웨딩임페리얼 스프레드를 완성합니다.

⑤ 파트아봄브 버터크림에 웨딩임페리얼 스프레드를 넣고 섞어 웨딩임페리얼 버터크림을 완성합니다.

⑥ 804번 깍지를 끼운 짤주머니에 웨딩임페리얼 버터크림을 넣어 코크에 동그랗게 짜준 후 코크 가운데 웨딩임페리얼 스프레드를 넣고 코크를 덮어 완성합니다.

20
에스프레소 마카롱

20개 분량

COQUE

20쌍, 이탈리안 머랭(33p)

COLOR

버크아이브라운(4방울), 네이비블루(1방울), 콜블랙(1방울)

MATERIAL

에스프레소 버터크림 파트아봄브 버터크림(86p) 100g, 에스프레소 10g, 깔루아 리큐르 4g

1

2

① 파트아봄브 버터크림에 에스프레소와 깔루아 리큐르를 넣고 섞어줍니다.

② 에스프레소 버터크림이 완성되었습니다.

point 에스프레소 버터크림은 만드는 방법이 단순하지만 커피의 맛과 향이 진하게 느껴져 다양하게 활용할 수 있는 크림입니다.

③ 869K 깍지를 낀 짤주머니에 에스프레소 버터크림을 넣어 코크에 동그랗게 짜준 후 코크를 덮어 완성합니다.

21
솔티캐러멜 마카롱

20개 분량

COQUE

20쌍, 이탈리안 머랭(33p)

COLOR

브라이트블루(3방울),
티얼그린(1방울),
네이비블루(2방울)

MATERIAL

솔티캐러멜
생크림 100g, 설탕 80g,
무염버터 10g, 소금 1g

솔티캐러멜 버터크림
앙글레즈 버터크림(82p) 100g,
솔티캐러멜 25g

① 냄비에 설탕을 넣고 설탕이 모두 녹을 때까지 약불에서 천천히 저어줍니다.

② 설탕이 녹으면서 갈색으로 변하기 시작하면 불을 끄고 생크림을 다섯 번에 걸쳐 나눠가며 넣으면서 섞어줍니다.

③ 캐러멜을 주걱에 거품이 딸려 올 정도의 농도가 될 때까지 끓여줍니다.

④ ③을 불에서 내려 소금과 무염버터를 넣고 섞어 차갑게 식혀 솔티캐러멜을 완성합니다.
point 여기에서는 프랑스산 게랑드소금을 사용했습니다.

⑤ 앙글레즈 버터크림에 솔티캐러멜을 섞어 솔티캐러멜 버터크림을 완성합니다.

⑥ 804번 깍지를 끼운 짤주머니에 솔티캐러멜 버터크림을 넣어 코크에 동그랗게 짜준 후 코크 가운데 솔티캐러멜을 넣고 코크를 덮어 완성합니다.

22
애플시나몬 마카롱

20개 분량

COQUE

20쌍, 이탈리안 머랭(33p)

COLOR

티얼그린(5방울),
콜블랙(1방울)

MATERIAL

애플시나몬 조림

사과 200g, 설탕 60g,
버터 10g, 레몬즙 5g,
사과 리큐르 3g,
시나몬스틱 1/2개

애플시나몬 버터크림

앙글레즈 버터크림(82p) 100g,
애플시나몬 조림 18g

① 사과는 깨끗이 씻어 사방 0.5cm로 잘라 준비합니다.

② 냄비에 설탕을 넣고 설탕이 모두 녹을 때까지 약불에서 천천히 저어줍니다.

③ 설탕이 모두 녹으면서 갈색으로 변하기 시작하면 불을 끄고 다진 사과를 넣어줍니다. 사과에 캐러멜이 골고루 묻도록 섞어줍니다.

④ 사과에서 수분이 나오기 시작하면 약불에서 1분~1분 30초 정도 더 끓여 졸인 후 버터, 레몬즙, 시나몬스틱을 넣고 30초 정도 약불로 끓여줍니다.

point 주걱으로 바닥을 갈랐을 때 바닥이 잠시 보일 정도가 될 때까지 끓여줍니다.

⑤ 불을 끄고 사과 리큐르를 넣어 섞어준 후 차갑게 식혀 애플시나몬 조림을 완성합니다.

point 사과 리큐르를 넣으면 사과의 풍미가 증가합니다. 여기에서는 칼바도스를 사용하였습니다.

⑥ 앙글레즈 버터크림에 애플시나몬 조림을 넣고 잘 섞어 애플시나몬 버터크림을 완성합니다.

⑦ 804번 깍지를 끼운 짤주머니에 애플시나몬 버터크림을 넣어 코크에 동그랗게 짜준 후 코크 가운데 애플시나몬 조림을 넣고 코크를 덮어 완성합니다.

23
오렌지마카다미아 마카롱

20개 분량

COQUE

20쌍, 이탈리안 머랭(33p)

COLOR

브라운(2방울), 콜블랙(2방울)

MATERIAL

오렌지마카다미아 조림
마카다미아 80g,
건조 크렌베리 15g,
오렌지마멀레이드(109p)
또는 오렌지필 10g,
설탕 75g, 생크림 70g,
버터 10g, 오렌지 리큐르 5g

오렌지마카다미아 버터크림
앙글레즈 버터크림(82p) 100g,
오렌지마카다미아 조림 20g

① 마카다미아는 170도로 예열한 오븐에 넣고 170도에서 5분간 노릇해질 때까지 구운 후 0.3cm 크기로 다져줍니다. 건조 크렌베리는 사방 0.3cm 크기로 잘라 준비합니다.

② 생크림은 50도로 데워 준비합니다.

③ 냄비에 설탕을 넣고 설탕이 모두 녹을 때까지 약불에서 천천히 저어주다가 설탕이 모두 녹으면서 갈색으로 변하기 시작하면 ②를 다섯 번에 나눠가며 섞으면서 끓여줍니다.

④ 냄비가 끓기 시작하면 구운 마카다미아, 건조 크렌베리, 오렌지마멀레이드를 넣어 캐러멜이 골고루 묻을 때까지 섞어준 후 약불에서 30초~1분 정도 졸여줍니다.

⑤ 주걱으로 바닥을 갈랐을 때 바닥이 잠시 보이는 농도가 되면 버터를 넣고 30초간 약불로 끓여줍니다.

⑥ 불을 끄고 오렌지 리큐르를 넣어 차갑게 식혀 오렌지마카다미아 조림을 완성합니다.

⑦ 앙글레즈 버터크림에 오렌지마카다미아 조림을 넣고 잘 섞어 오렌지마카다미아 버터크림을 완성합니다.

⑧ 804번 깍지를 끼운 짤주머니에 오렌지마카다미아 버터크림을 넣어 코크에 동그랗게 짜준 후 코크 가운데 오렌지마카다미아 조림을 넣고 코크를 덮어 완성합니다.

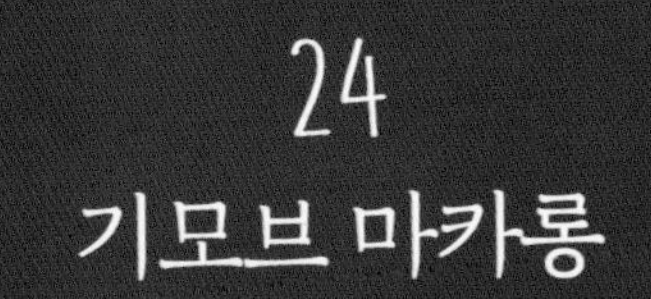

24
기모브 마카롱

COQUE

20쌍, 이탈리안 머랭(33p)

COLOR

콜블랙(5방울)

MATERIAL

마시멜로우
달걀흰자 45g,
설탕 90g, 물 45g,
판젤라틴 3장

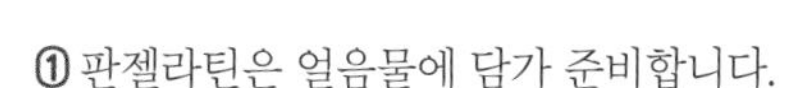

① 판젤라틴은 얼음물에 담가 준비합니다.

② 볼에 달걀흰자를 넣고 저속으로 30초 휘핑한 후 중속으로 30초, 고속으로 30초 휘핑하여 준비합니다.

③ 냄비에 물과 설탕을 넣어 118도까지 끓여 시럽을 만든 후 ②에 시럽을 조금씩 부어가며 고속으로 1분 30초간 휘핑하여 머랭을 완성합니다.

④ 얼음물에 담가둔 판젤라틴을 중탕으로 녹인 후 ③에 넣고 고속으로 50초간 휘핑하여 마시멜로우를 완성합니다.

⑤ 809번 깍지를 낀 짤주머니에 완성된 마시멜로우를 담아 코크 정중앙에서부터 물방울 모양으로 짜 완성합니다. (90p)

point 804번 또는 806번 깍지를 이용해 두 바퀴 돌려 짜도 뚱카롱으로 완성됩니다. (89p)

25
스모어 마카롱

20개 분량

COQUE

20쌍, 이탈리안 머랭(33p)

COLOR

콜블랙(4방울), 화이트(1방울)

MATERIAL

가나슈 다크초콜릿 80g, 생크림 75g, 트리몰린 5g

필링 마시멜로우(141p) 적당량

① 볼에 다크초콜릿과 트리몰린을 넣고 중탕으로 녹여줍니다.

point 여기에서는 발로나 까라이브 다크초콜릿을 사용했습니다.

② 생크림은 50도로 데워 준비합니다.

③ 데운 생크림을 ①에 조금씩 부어가며 섞어줍니다.

④ ③을 30도까지 식혀 가나슈를 완성합니다.

⑤ 803번 깍지를 끼운 짤주머니에 가나슈를 담아 코크에 동그랗게 짜줍니다.

⑥ 803번 깍지를 끼운 짤주머니에 마시멜로우를 넣어 다른 코크에 동그랗게 짜준 후 ⑤의 코크를 덮어 완성합니다.

point 토치로 마시멜로우를 살짝 그을려주면 또 다른 분위기로 완성됩니다.

26
체리라임 마카롱

COQUE

20쌍, 이탈리안 머랭(33p)

COLOR

튤립레드(1방울),
플래시톤(3방울),
버건디(2방울)

MATERIAL

체리라임 커드

달걀전란 55g, 라임즙 50g,
체리 30g, 설탕A 25g,
설탕B 20g, 버터 20g,
라임 제스트 6g,
옥수수전분(콘스타치) 5g

체리라임 버터크림

파트아봄브 버터크림(86p) 100g,
체리라임 커드 32g

1

2

3

4

5

6

① 라임은 깨끗이 씻어 물기를 제거한 후 강판에 갈아 제스트로 만들어줍니다. 체리는 사방 0.4cm 정도로 썰어 준비합니다.

② 볼에 달걀전란, 설탕A를 넣고 설탕이 녹을 때까지 손거품기로 저어준 후 옥수수전분을 넣고 섞어줍니다.

③ 냄비에 라임즙, 체리, 설탕B를 넣어 설탕이 녹을 때까지 끓여준 후 불에서 내려줍니다.

④ ③을 ②에 조금씩 넣어주면서 손거품기로 섞어준 후 다시 불에 올려 손거품기로 저어가면서 끓여줍니다.

⑤ 70도가 되면 버터를 넣고 섞어 80도까지 끓인 후 찬물에 냄비를 받쳐 재빨리 식혀 체리라임 커드를 완성합니다.

⑥ 파트아봄브 버터크림에 체리라임 커드를 넣고 섞어 체리라임 버터크림을 완성합니다.

⑦ 804번 깍지를 낀 짤주머니에 체리라임 버터크림을 담아 코크 위에 동그랗게 짜준 후 코크 가운데에 체리라임 커드를 넣고 코크를 덮어 완성합니다.

27
로즈크림 마카롱

COQUE

20쌍, 이탈리안 머랭(33p)

COLOR

크리스마스레드(6방울)

MATERIAL

로즈 커드

달걀전란 55g, 설탕A 30g,
옥수수전분 8g,
로즈 시럽 20g,
라즈베리퓌레 20g,
설탕B 30g, 무염버터10g

로즈 버터크림

파트아봄브 버터크림(86p) 100g,
로즈 커드 25g

① 볼에 달걀전란, 설탕A를 넣어 손거품기로 설탕이 녹을 때까지 저어준 후 옥수수전분을 넣고 섞어줍니다.

② 냄비에 로즈 시럽과 라즈베리퓌레, 설탕B가 녹을 때까지 끓여준 후 불에서 내려줍니다.

point 라즈베리나 산딸기는 장미의 향을 증가시켜주어 로즈 시럽을 사용할 때 함께 넣으면 좋습니다.

③ ①에 ②를 조금씩 넣어가면서 손거품기로 섞어줍니다.

④ ③을 다시 냄비로 옮겨 무염버터를 넣고 주걱으로 저으면서 녹여줍니다.

⑤ 냄비를 다시 불에 올려 80도까지 끓인 후 얼음물을 볼 밑에 받쳐 차갑게 식혀 로즈 커드를 완성합니다.

⑥ 파트아봄브 버터크림에 로즈 커드를 섞어 로즈 버터크림을 완성합니다.

⑦ 803번 깍지를 낀 짤주머니에 로즈 버터크림을 넣고 코크에 동그랗게 짜준 후 코크 가운데 로즈 커드를 올리고 코크를 덮어 완성합니다.

point 코크 위에 식용장미, 식용금, 산딸기 등으로 데커레이션하면 더 화려하게 연출할 수 있습니다.

28
콰트로치즈케이크 마카롱

20개 분량

COQUE

20쌍, 이탈리안 머랭(33p)

COLOR

레드레드(2방울), 콜블랙 0.5g, 버건디 0.5g,

MATERIAL

크림치즈 버터크림 이탈리안 버터크림(84p) 65g, 끼리크림치즈 60g, 필라델피아크림치즈 40g

필링 속 재료 콰트로치즈케이크(177p) 적당량

1

2

3

① 콰트로치즈케이크는 가로세로 3cm, 얇은 두께로 잘라 준비합니다.

② 필라델피아크림치즈, 끼리크림치즈를 포마드 상태가 될 때까지 충분히 풀어 부드럽게 만들어줍니다.

③ ②에 이탈리안 버터크림을 넣고 충분히 섞어 부드럽게 만들어 크림치즈 버터크림을 완성합니다.

④ 804번 깍지를 끼운 짤주머니에 크림치즈 버터크림을 넣고 코크에 동그랗게 짜준 후 코크 가운데 콰트로치즈케이크를 올리고 다시 크림을 짜 코크를 덮어 마무리합니다.

29
콜비잭황치즈 마카롱

20개 분량

COQUE

20쌍, 스위스 머랭(36p)

COLOR

버건디(1방울), 바이올렛(2방울)

MATERIAL

황치즈 버터크림 앙글레즈 버터크림(82p) 100g, 황치즈가루 18g

필링 속 재료 콜비잭치즈 50g

① 콜비잭치즈는 가로세로 3cm, 얇은 두께로 잘라 준비합니다.

② 앙글레즈 버터크림에 황치즈가루를 넣고 충분히 섞어 황치즈 버터크림을 완성합니다.

③ 804번 깍지를 끼운 짤주머니에 황치즈 버터크림을 넣고 코크에 동그랗게 짜줍니다.

④ 얇게 자른 콜비잭치즈를 가운데 넣고 황치즈 버터크림을 한 번 더 짜준 후 코크를 덮어 완성합니다.

30
레드벨벳크림치즈 마카롱

20개 분량

COQUE

20쌍, 스위스 머랭(36p)

COLOR

레드레드(5방울)

MATERIAL

레드벨벳 버터크림 이탈리안 버터크림(84p) 65g, 끼리크림치즈 30g, 필라델피아크림치즈 20g, 고다치즈 4g

① 고다치즈는 푸드프로세서로 곱게 갈아 준비합니다.

② 필라델피아크림치즈, 끼리크림치즈는 포마드 상태가 될 때까지 충분히 풀어 부드럽게 만들어줍니다.

③ 갈아둔 고다치즈를 ②에 섞어줍니다.

④ 이탈리안 버터크림과 ③을 충분히 섞어 부드럽게 만들어 레드벨벳 버터크림을 완성합니다.

⑤ 804번 깍지 또는 869K 깍지를 끼운 짤주머니에 레드벨벳 버터크림을 넣고 코크에 동그랗게 짠 후 코크를 덮어 완성합니다.

point 레드벨벳 마카롱은 코코아 코크(50p)를 사용해도 맛이 잘 어울립니다.

31
글라스아몬드누가 마카롱

20개 분량

COQUE

20쌍, 스위스 머랭(36p)

COLOR

네이비블루(2방울), 콜블랙(1방울)

MATERIAL

아몬드누가
백아몬드 80g, 설탕 45g,
생크림 30g, 꿀 25g,
버터 5g

아몬드누가 버터크림
앙글레즈 버터크림(82p) 100g,
아몬드누가 30g

글라스 쇼콜라
다크초콜릿 60g,
다크코팅초콜릿 50g,
식용금박

① 백아몬드는 170도로 예열한 오븐에서 170도로 5분간 살짝 구운 후 사방 0.2cm 정도로 잘게 다져 준비합니다.

② 생크림, 설탕, 꿀, 버터를 냄비에 넣고 끓여줍니다.
point 주걱으로 바닥을 갈랐을 때 바닥이 잠깐 보일 정도가 될 때까지 끓여줍니다.

③ ②에 ①을 넣고 섞어 한소끔 끓인 후 20도 정도로 식혀 아몬드누가를 완성합니다.

④ 완성된 아몬드누가 30g에 앙글레즈 버터크림을 넣고 섞어 아몬드누가 버터크림을 완성합니다.

⑤ 다크코딩초콜릿, 다크초콜릿은 중탕하여 녹여 준비합니다.
point 여기에서는 발로나 까라이브 다크초콜릿을 사용하였습니다.

⑥ 804번 깍지를 낀 짤주머니에 아몬드누가 버터크림을 넣어 코크 위에 동그랗게 짜준 후 아몬드누가를 넣어줍니다. 코크를 덮고 코팅초콜릿을 윗면에 묻힌 후 식용금박을 올려 완성합니다.

32
호두앙버터 마카롱

20개 분량

COQUE

20쌍, 스위스 머랭(36p)

COLOR

바이올렛(4방울),
네이브블루(1방울)

MATERIAL

호두팥앙금 크림
물 200g, 팥알 100g,
설탕 65g, 소금 4g,
호두 50g

필링 속 재료
버터 200g

1

2

3

4

5

① 팥알은 물에 담아 12시간 정도 불려 준비해둡니다.

② 호두는 170도로 예열한 오븐에 넣어 170도에서 5분간 살짝 구운 후 잘게 다져 준비합니다.

③ 냄비에 팥이 잠길 만큼의 물을 넣어 한소끔 끓인 후 물을 버리고 다시 물 200g, 설탕, 소금을 넣고 걸쭉해질 때까지 끓여줍니다. 팥알이 으깨지고 물이 졸아 걸쭉해지면 ②를 넣고 섞어 호두팥앙금 크림을 완성합니다.

point 설탕은 사탕수수원당을, 소금은 프랑스산 게랑드소금을 사용했습니다.

④ 좀 더 부드럽고 버터의 풍미가 느껴지는 크림을 원한다면 호두팥앙금 크림 100g에 앙글레즈 버터크림 20~25g을 섞어 호두팥앙금 버터크림으로 완성해 사용합니다.

⑤ 버터는 가로세로 4cm, 얇은 두께로 잘라 준비합니다.

point 여기에서 버터는 에쉬레버터를 사용했습니다.

⑥ 804번 깍지를 낀 짤주머니에 호두팥앙금 크림을 짠 후 코크 가운데 에쉬레버터를 올려줍니다. 호두팥앙금 크림을 짠 코크를 덮어 완성합니다.

33
구운 헤이즐넛 마카롱

COQUE

20쌍, 스위스 머랭(36p)

COLOR

티얼그린(2방울),
콜블랙(0.5방울),
바이올렛(2방울)

MATERIAL

헤이즐넛 페이스트

구운 헤이즐넛A 150g,
설탕 60g, 물 15g, 소금 0.5g

헤이즐넛 버터크림

앙글레즈 버터크림(82p) 100g,
헤이즐넛 페이스트 30g,
구운 헤이즐넛B 20g

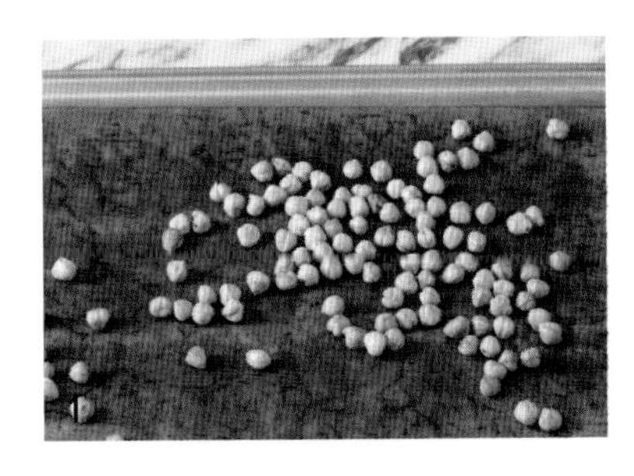

① 헤이즐넛은 170도로 예열한 오븐에 넣어 170도에서 5분간 살짝 구워 준비합니다.

② 냄비에 물, 설탕, 소금을 넣고 중불로 1분 정도 끓여준 후 약불로 낮춰 설탕이 녹아 갈색 빛을 띨 때까지 끓여줍니다.

③ ②에 구운 헤이즐넛 150g을 넣어 헤이즐넛 표면에 하얀색 결정이 생길 때까지 끓여줍니다.

④ 하얀 결정이 녹아 다시 갈색빛의 캐러멜이 될 때까지 약불로 끓여준 다음 유산지에 넓게 펴 충분히 식혀줍니다.

⑤ ④를 푸드프로세서로 묽게 갈아 헤이즐넛 페이스트를 완성합니다.

point 스프처럼 건더기가 거의 느껴지지 않을 정도로 갈아줍니다.

⑥ 앙글레즈 버터크림에 헤이즐넛 페이스트, 구워서 다진 헤이즐넛 20g을 넣고 섞어 헤이즐넛 버터크림을 완성합니다.

⑦ 804번 깍지를 낀 짤주머니에 헤이즐넛 버터크림을 넣어 코크에 동그랗게 짜준 후 코크 가운데 헤이즐넛 페이스트를 넣고 코크를 덮어 완성합니다.

34
씨앗호떡 마카롱

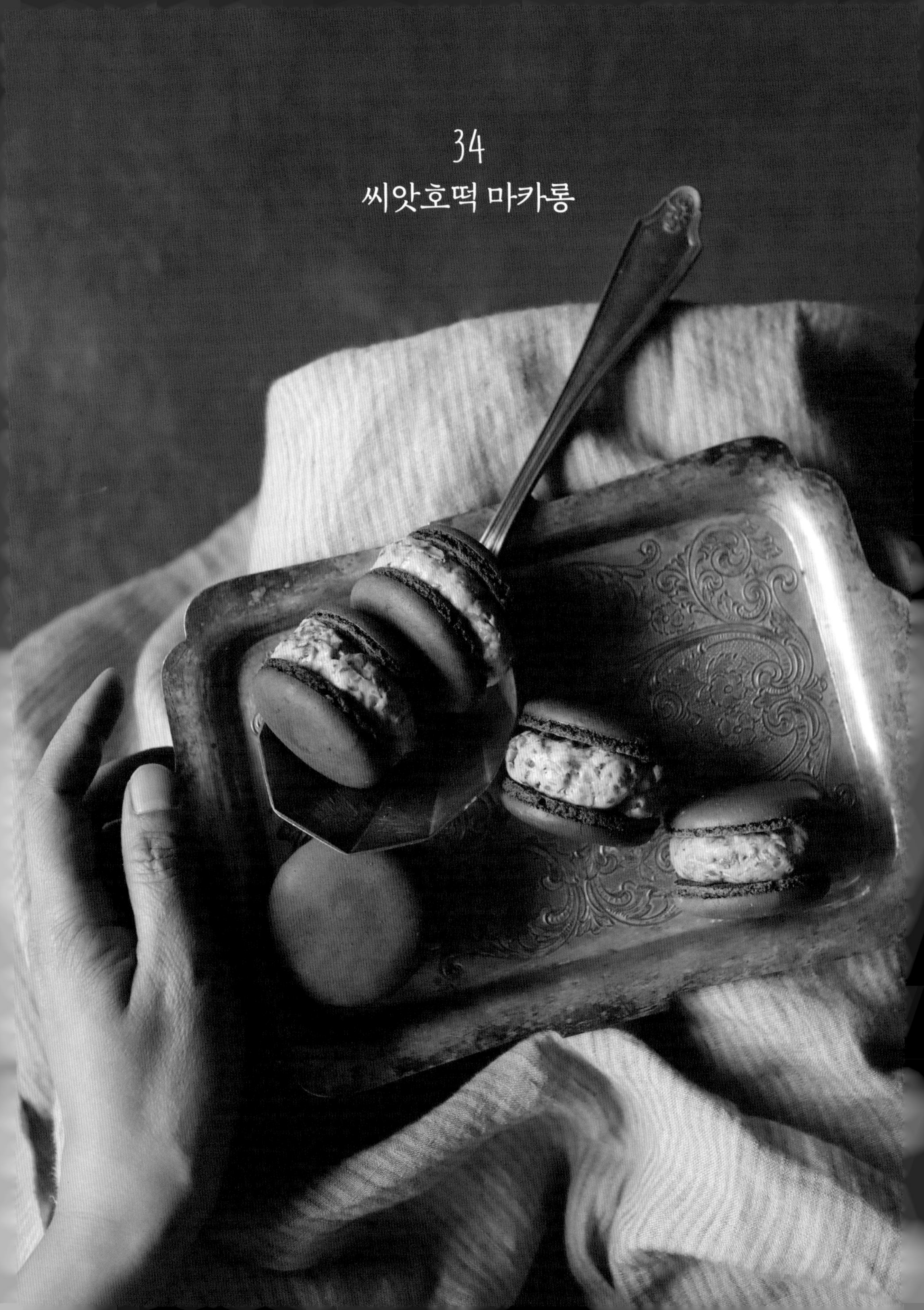

20개 분량

COQUE

20쌍, 스위스 머랭(36p)

COLOR

버크아이브라운(6방울), 콜블랙(1방울)

MATERIAL

흑설탕씨앗 조림 오키나와 흑설탕 70g, 호두분태 40g, 땅콩분태 30g, 해바라기씨 30g, 호박씨 15g, 꿀10g

흑설탕씨앗 버터크림 앙글레즈 버터크림(82p) 100g, 흑설탕씨앗 조림 25g

① 해바라기씨, 땅콩분태, 호두분태, 호박씨는 170도로 예열한 오븐에서 4분간 살짝 구운 후 잘게 다져 준비합니다.

② 냄비에 오키나와 흑설탕, 꿀을 넣고 중불에서 1분 정도 끓여줍니다.

③ ①을 모두 넣고 중불에서 1분 정도 끓여 흑설탕씨앗 조림을 완성합니다.

point 주걱으로 바닥을 갈랐을 때 바닥이 잠깐 보일 정도가 될 때까지 졸여줍니다.

④ ③을 차갑게 식힌 후 앙글레즈 버터크림을 넣고 섞어 흑설탕씨앗 버터크림을 완성합니다.

⑤ 804번 깍지를 낀 짤주머니에 흑설탕씨앗 버터크림을 넣어 코크에 동그랗게 짜준 후 코크 가운데 흑설탕씨앗 조림을 넣고 코크를 덮어 완성합니다.

35
콩고물 마카롱

20개 분량

COQUE

20쌍, 스위스 머랭(36p)

COLOR

브라운(3방울), 네이비블루(2방울)

MATERIAL

콩가루 버터크림 앙글레즈 버터크림(82p) 100g, 콩고물 30g
필링 속 재료 찹쌀떡 30g
데커레이션 콩고물 적당량

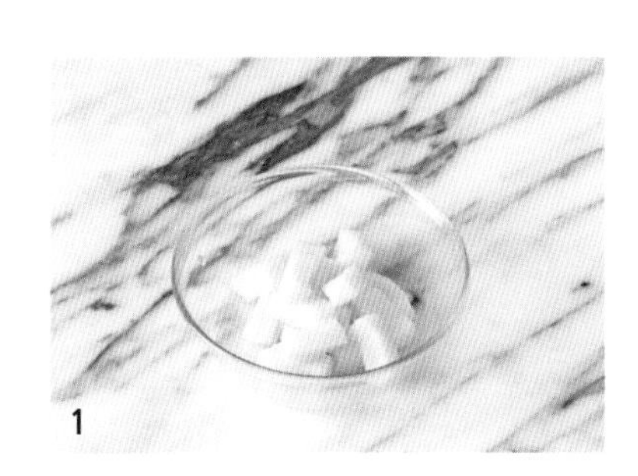
1

2

① 찹쌀떡은 사방 1cm로 잘라 준비합니다.

② 앙글레즈 버터크림에 콩고물을 섞어 콩가루 버터크림을 완성합니다.

③ 804번 깍지를 낀 짤주머니에 콩가루 버터크림을 넣어 코크에 동그랗게 짜준 후 코크 가운데에 찹쌀떡을 넣고 코크를 덮어 마카롱 가장자리에 콩가루를 묻혀 완성합니다.

36
흑임자 마카롱

20개 분량

COQUE

20쌍, 스위스 머랭(36p)

COLOR

콜블랙(4방울)

MATERIAL

흑임자 페이스트 검은깨 100g, 포도씨오일 15g

흑임자 버터크림 앙글레즈 버터크림(82p) 100g, 흑임자페이스트 20g, 검은깨가루 12g

필링 속 재료 찹쌀떡 30g

① 찹쌀떡은 사방 1cm로 잘라 준비합니다.

② 검은깨와 포도씨오일을 푸드프로세서에 넣고 묽어질 때까지 갈아 흑임자 페이스트를 완성합니다.

③ 앙글레즈 버터크림에 흑임자 페이스트와 검은깨가루를 넣고 섞어 흑임자 버터크림을 완성합니다.

④ 804번 또는 869K 깍지를 낀 짤주머니에 흑임자 버터크림을 동그랗게 짠 후 코크 가운데에 찹쌀떡을 넣고 코크를 덮어 마무리합니다.

37
단호박 가나슈뵈르 마카롱

20개 분량

COQUE

20쌍, 스위스 머랭(36p)

COLOR

버건디(3방울),
브라운(0.5방울)

MATERIAL

단호박 크림

단호박 100g, 호두 30g,
탈지분유 5g, 우유 10g,
바닐라빈 1/2개

가나슈

밀크초콜릿 30g, 밀크잼(131p) 15g,
무염버터 12g,
트리몰린 4g

단호박 버터크림

앙글레즈 버터크림(82p) 100g,
단호박 크림 30g

① 단호박은 사방 1cm로 썰고 랩으로 감싸 전자레인지에서 4분 정도 익힌 후 체에 걸러 준비해줍니다.

point 전자레인지에서 익히면 삶는 것보다 수분이 적게 발생해 마카롱 필링에 이용하기 좋습니다.

② 호두는 170도로 예열한 오븐에 넣고 170도에서 5분간 짙은 갈색이 될 때까지 구운 후 푸드프로세서에 갈아 준비합니다.

point 입자가 느껴질 수 있도록 거칠게 갈아줍니다.

③ 우유는 50도로 데운 후 탈지분유를 넣고 녹여줍니다.

④ 으깬 단호박에 우유에 녹인 탈지분유와 갈아둔 호두, 바닐라빈을 넣고 충분히 섞어 단호박 크림을 완성합니다.

⑤ 밀크초콜릿, 트리몰린, 무염버터는 중탕으로 녹여주고, 밀크잼은 50도로 데운 후 함께 섞어 가나슈를 완성합니다.

point 밀크잼 대신 연유로 대체할 수 있습니다.

⑥ 앙글레즈 버터크림에 단호박 크림을 잘 섞어 단호박 버터크림을 완성합니다.

⑦ 804번 깍지를 넣은 짤주머니에 단호박 버터크림을 넣고 코크 위에 동그랗게 짜준 후 코크 가운데 가나슈를 넣고 코크를 덮어 마무리합니다.

38
콘치즈 마카롱

20개 분량

COQUE

20쌍, 스위스 머랭(36p)

COLOR

골덴옐로우(3방울), 네온브라이트옐로우(1방울)

MATERIAL

콘치즈 조림 옥수수알갱이 100g, 파마산치즈가루 20g, 밀크잼(131p) 또는 연유 20g, 마요네즈 8g

콘치즈 버터크림 파트아봄브 버터크림(86p) 100g, 콘치즈 조림 25g

① 동냄비 또는 3중 냄비를 준비해 옥수수알갱이, 파마산치즈가루, 마요네즈, 연유를 넣고 중불로 1분~1분 30초 정도 졸여줍니다.

point 동냄비나 3중 냄비는 열전도율이 빠르고 고르기 때문에 잼이나 조림을 만들 때 사용하기 좋습니다.

② 주걱으로 바닥을 갈랐을 때 바닥이 잠깐 보일 정도가 될 때까지 졸여 콘치즈 조림을 완성합니다.

③ 파트아봄브 버터크림에 콘치즈 조림을 넣고 잘 섞어 콘치즈 버터크림을 완성합니다.

④ 804번 깍지를 넣은 짤주머니에 콘치즈 버터크림을 넣은 후 코크 위에 동그랗게 짜준 후 코크 가운데 콘치즈 조림을 넣고 코크를 덮어 완성합니다.

39
고구마케이크 마카롱

20개 분량

COQUE

20쌍, 스위스 머랭(36p)

COLOR

무색소

MATERIAL

고구마 페이스트 고구마(중간 크기 고구마 1개 분량) 100g, 연유 또는 밀크잼(131p) 10g, 꿀 10g, 바닐라빈 1/2개

고구마 버터크림 앙글레즈 버터크림(82p) 100g, 고구마 페이스트 30g

데커레이션 자색고구마가루 적당량

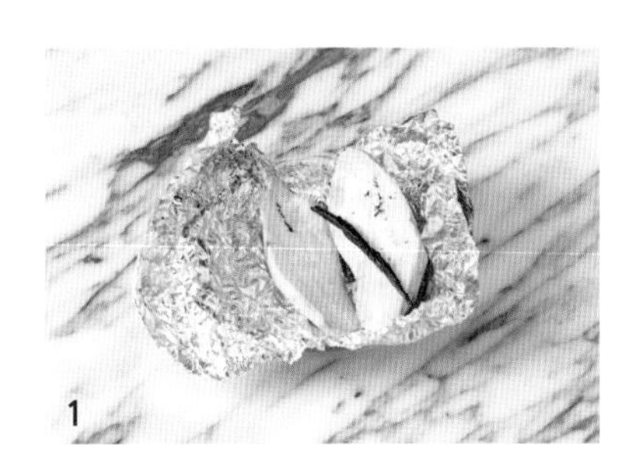
1

2

3

① 고구마는 반으로 갈라 가운데에 바닐라빈을 넣고 알루미늄호일로 감싸 170도로 예열한 오븐에서 160도로 50분 정도 구운 후 으깨어 준비합니다.

② 으깬 고구마에 연유, 꿀을 넣고 중속으로 1분간 휘핑해 고구마 페이스트를 완성합니다.

③ 앙글레즈 버터크림에 고구마 페이스트를 넣고 섞어 고구마 버터크림을 완성합니다.

④ 804번 깍지를 넣은 짤주머니에 고구마 버터크림을 넣고 코크 위에 동그랗게 짜줍니다. 코크 가운데에 고구마 페이스트를 넣고 코크를 덮은 후 자색고구마가루를 뿌려 완성합니다.

40

감자라테 마카롱

20개 분량

COQUE

20쌍, 스위스 머랭(36p)

COLOR

네이브블루(1방울),
콜블랙(3방울)

MATERIAL

감자라테 페이스트

감자 100g, 생크림A 25g,
설탕 20g, 우유 10g,
바닐라빈 1/2개

화이트가나슈

화이트초콜릿 80g,
생크림B 70g

감자라테 버터크림

파트아봄브 버터크림(86p) 100g,
감자라테 페이스트 28g

① 감자는 사방 3cm 크기로 썰고 그릇에 담아 랩핑한 후 전자레인지에서 5분 정도 익혀 체에 으깨 준비합니다.

point 전자레인지에서 익히면 삶는 것보다 수분이 덜 생겨 마카롱 필링으로 사용하기 더 적합합니다.

② 냄비에 으깬 감자, 설탕, 우유, 생크림A를 넣고 중불에서 1분, 약불에서 2분 정도 끓이면서 저어줍니다. 주걱으로 바닥을 갈랐을 때 바닥이 보일 정도가 될 때까지 끓여줍니다.

point 화이트가나슈에 들어가는 화이트초콜릿 자체로도 단맛을 강하게 내므로 기호에 따라 설탕의 양을 줄여가며 단맛을 조절해도 좋습니다.

③ 불을 끄고 바닐라빈을 넣어줍니다.

④ ③을 차갑게 식혀 감자라테 페이스트를 완성합니다.

⑤ 화이트초콜릿은 중탕으로 녹이고, 생크림B는 50도로 데운 후 함께 섞어 화이트가나슈를 완성합니다.

⑥ 파트아봄브 버터크림에 감자라테 페이스트를 잘 섞어 감자라테 버터크림을 완성합니다.

⑦ 804번 깍지를 넣은 짤주머니에 감자라테 버터크림을 넣어 코크 위에 동그랗게 짜준 후 코크 가운데에 화이트가나슈를 넣고 코크를 덮어 완성합니다.

PLUS CLASS

마카롱에 활용하는
제과 레시피

macarons

01
콰트로치즈케이크

마카롱 120개 분량

MATERIAL

끼리크림치즈 230g,
필라델피아크림치즈 230g,
에담치즈 35g, 고다치즈 25g,
생크림 60g, 달걀전란 55g, 설탕 65g,
솔티캐러멜(135p) 20g

① 에담치즈, 고다치즈는 푸드프로세서로 갈아 준비합니다.

② 포마드 상태의 필라델피아크림치즈와 끼리크림치즈를 휘퍼로 골고루 풀어줍니다.

③ 갈아놓은 에담치즈, 고담치즈를 넣고 골고루 섞어줍니다.

④ 설탕을 5회 나누어 넣으며 녹여주면서 80회 정도 섞어줍니다.

⑤ 달걀전란을 5~8회 나누어 넣으며 80회 정도 섞어줍니다.

⑥ ⑤를 10g 정도 덜어 솔티캐러멜과 함께 섞어줍니다.

⑦ ⑥을 남은 반죽과 골고루 섞어줍니다.

⑧ 16cm 사각 틀에 유산지를 깔고 반죽을 담아 150도로 예열된 오븐에 50~60분간 구워줍니다.

point 취향에 따라 반죽 위에 솔티캐러멜을 뿌려 완성해도 좋습니다.

02
리얼다크브라우니

마카롱 120개 분량

MATERIAL

밀크초콜릿 40g, 다크초콜릿 165g, 잔두야초콜릿 20g, 생크림 68g, 마스코바도 150g, 달걀전란 110g, 박력분 45g, 강력분 45g, 코코아가루 20g, 바닐라빈 1/2개

① 밀크초콜릿, 다크초콜릿, 잔두야초콜릿은 중탕으로 녹여줍니다.

point 여기에서는 발로나 지바라라떼 밀크초콜릿, 발로나 과나하 다크초콜릿을 사용했습니다.

② 생크림은 50도로 데운 후 ①과 함께 섞어줍니다.

③ ②에 마스코바도와 바닐라빈을 넣고 나무주걱으로 설탕이 녹을 때까지 섞어줍니다.

point 80~100번 정도 천천히 섞어 공기 주입이 많이 되지 않도록 섞어줍니다.

④ 달걀전란을 5회 정도 나누어 넣으면서 나무주걱으로 섞어줍니다.

⑤ 박력분, 강력분, 코코아가루는 체를 친 후 ④에 넣고 섞어줍니다.

point 반죽의 숨이 죽지 않도록 살살 섞어줍니다.

⑥ 16cm 사각 틀에 유산지를 깔고 반죽을 담아 170도로 예열한 오븐에 넣고 165도로 25분간 구워 완성합니다.

03
말차브라우니

마카롱 120개 분량

MATERIAL

화이트초콜릿A 100g, 생크림 35g, 우지말차가루 12g, 캐소닛 95g, 꿀 25g, 달걀전란 60g, 박력분 85g, 강력분 80g, 베이킹파우더 4g, 바닐라빈 1/2개, 화이트초콜릿B 40g

① 화이트초콜릿A는 중탕으로 녹여줍니다.

point 여기에서는 발로나 이보와르 화이트초콜릿을 사용했습니다.

② 생크림은 50도로 데워 ①에 조금씩 부어가며 섞어줍니다.

③ 큰 볼에 ②와 캐소닛, 꿀, 바닐라빈을 넣고 섞어줍니다.

point 80~100번 정도 천천히 섞어 공기 주입이 많이 되지 않도록 합니다.

④ ③에 달걀전란을 5번 정도 나누어 넣으면서 나무주걱으로 70회 이상 충분히 섞어줍니다.

⑤ 박력분, 강력분, 우지말차가루, 베이킹파우더를 체 친 후 ④에 넣어줍니다. 화이트초콜릿B는 사방 0.3cm로 잘라 골고루 살살 섞어줍니다.

point 우지말차가루를 빼고 완성하면 화이트브라우니로 완성됩니다.

⑥ 유산지를 깐 16cm 사각 틀에 담아 170도로 예열한 오븐에 넣고 165도로 25~35분 정도 구워 완성합니다.

Editor's Pick

Professional Macarons

마카롱이 선풍적으로 인기를 끌기 시작했던 수년 전부터 지금까지 여전히 마카롱은 인기 있는 디저트 메뉴입니다. 이제는 디저트샵과 카페에 없어서는 안 될 필수 디저트 메뉴가 되어버렸지요. 오랜 시간 인기 메뉴로 사랑받고 있는 만큼 마카롱은 그동안 놀랄 만큼 다양하게 진화되어 왔습니다. 이 책은 디저트카페 창업을 계획하시는 분들, 좀 더 다양한 마카롱 레시피 개발을 원하시는 창업자 분들, 그리고 좀 더 수준 높은 마카롱 완성을 원하시는 홈베이커 분들을 위해

기획되었습니다.

그래서 창업자를 위한 마카롱 클래스를 오랫동안 진행하셨고, 실제로 국내외 마카롱 디저트샵 창업자분들의 수업 만족도가 높은 리레케이크 이윤미 선생님과 이 책을 진행하게 되었습니다. 리레케이크의 마카롱 수업을 들으셨던 창업자분들이 만족하셨던 내용을 모두 책에 담았습니다.

이 책은 마카롱에 대한 기본적인 이론과 레시피는 물론 무건조 머랭법, 천연가루와 쌀가루를 활용한 코크 레시피, 다양한 색과 무늬를 완성할 수 있는 조색&마블링 테크닉, 창업자를 위한 대량생산법, 그리고 40가지 다양한 필링과 응용법을 모두 담았습니다.

마카롱에 관한 이론과 공정을 빠짐없이 자세하게 담아주신 이윤미 선생님께 진심으로 감사드립니다. 그리고 맛있는 마카롱을 더욱 아름답게 사진으로 빛내주신 디어무이 오다윤 선생님, 수일간의 촬영과 동영상 편집을 완벽하게 진행해주신 박성영 실장님, 이 예쁜 마카롱을 책으로 멋지게 편집해주신 장지윤 디자이너에게도 깊이 감사드립니다.

2019년 3월 더테이블 기획편집팀

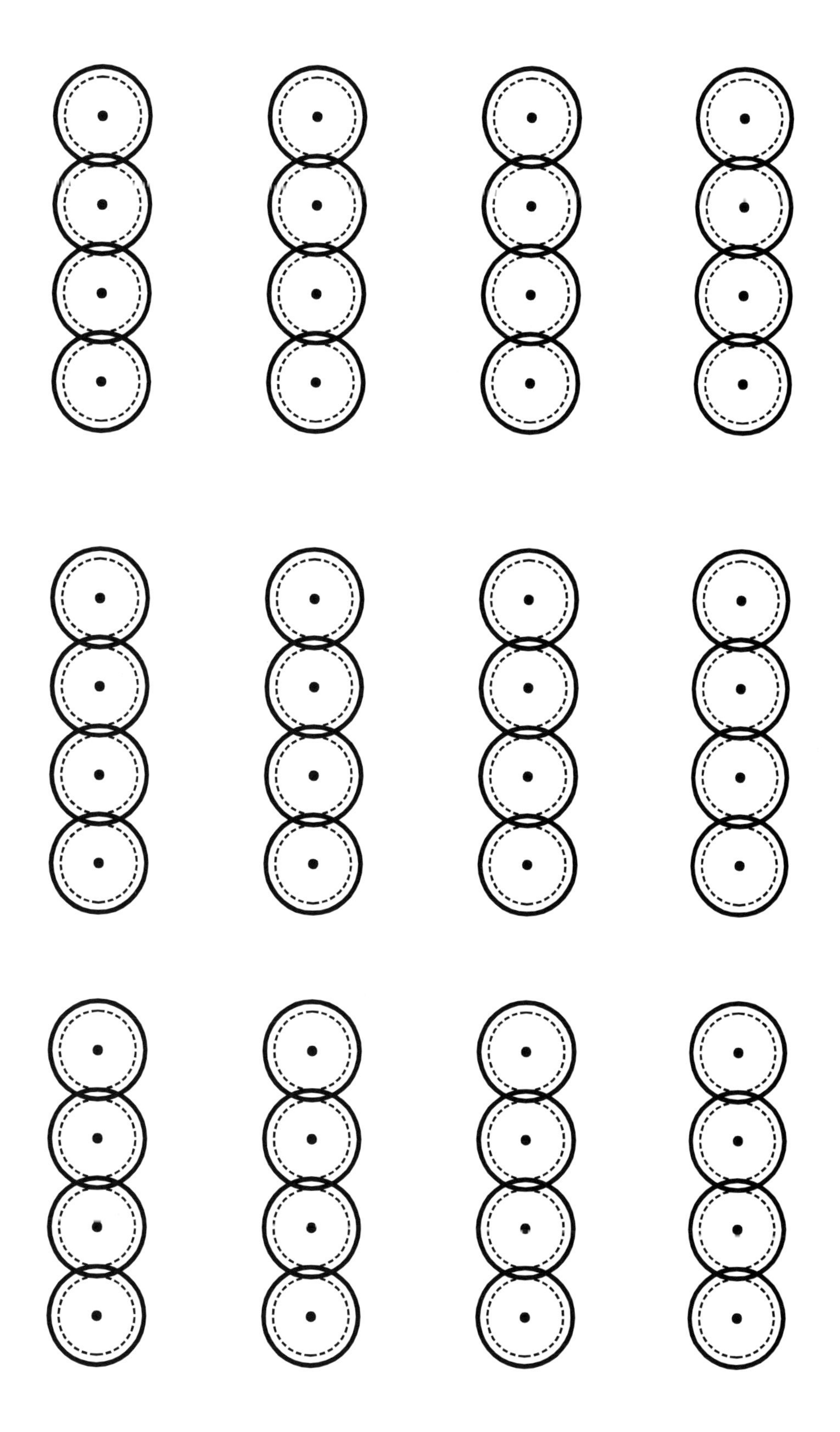

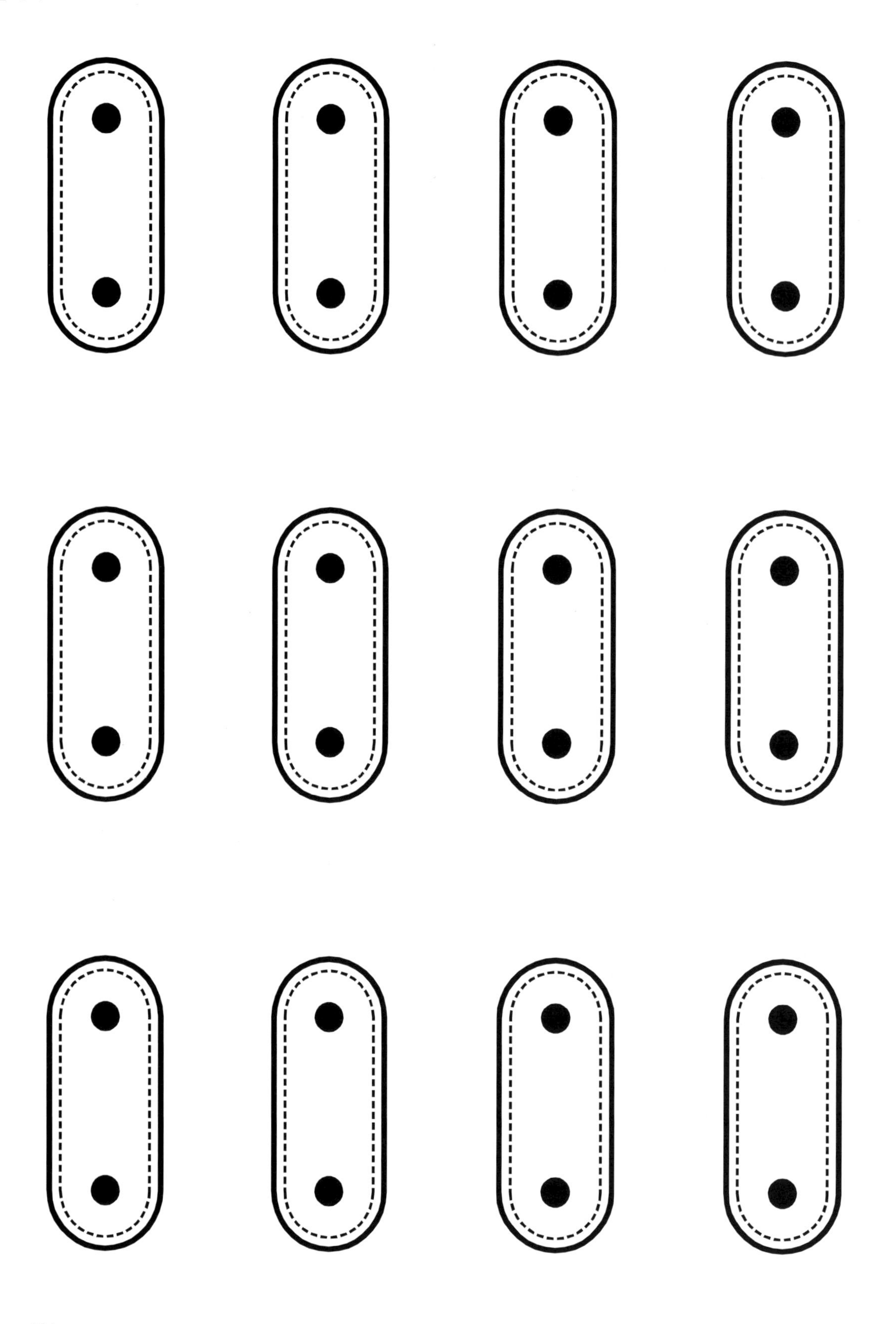

원형

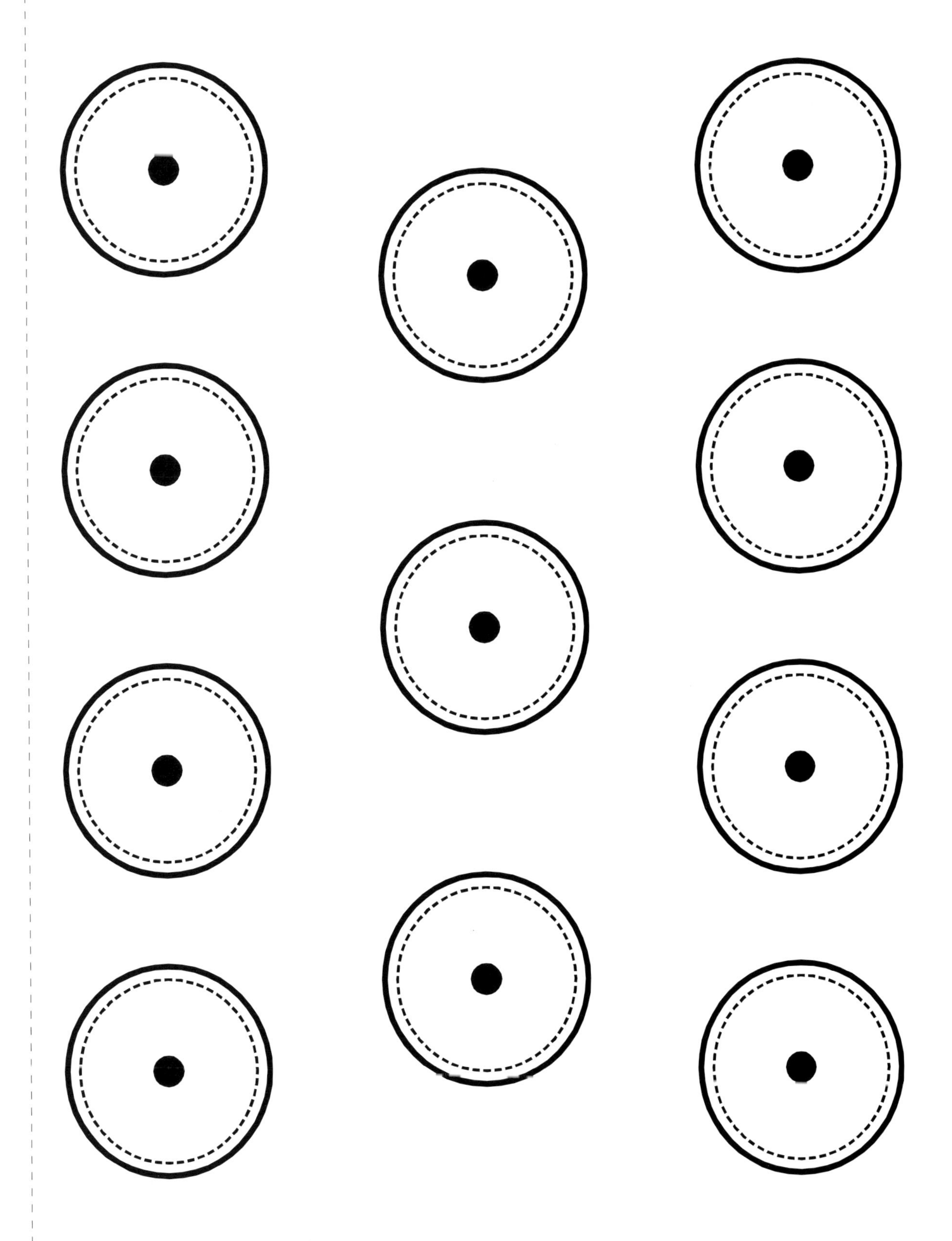

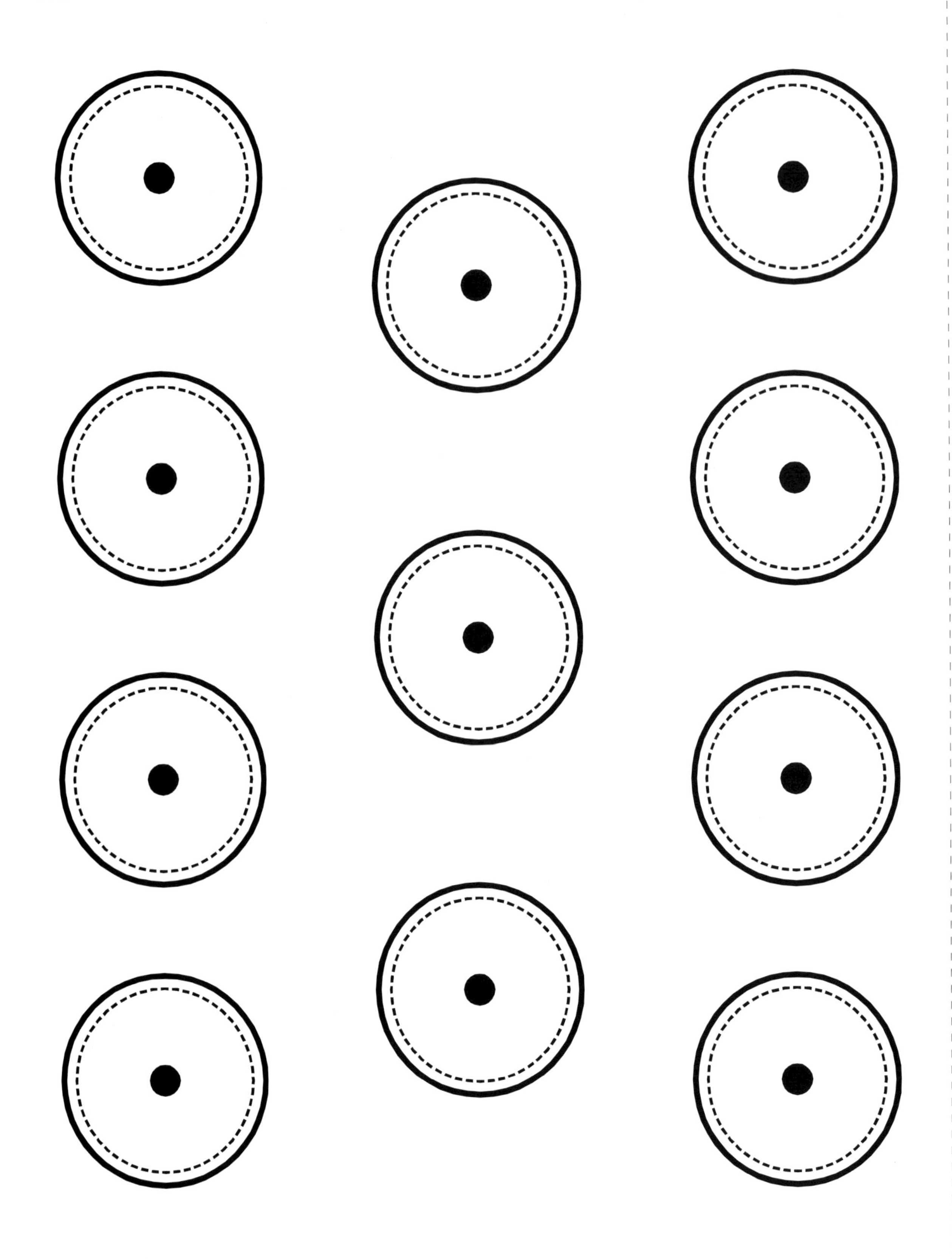

원형

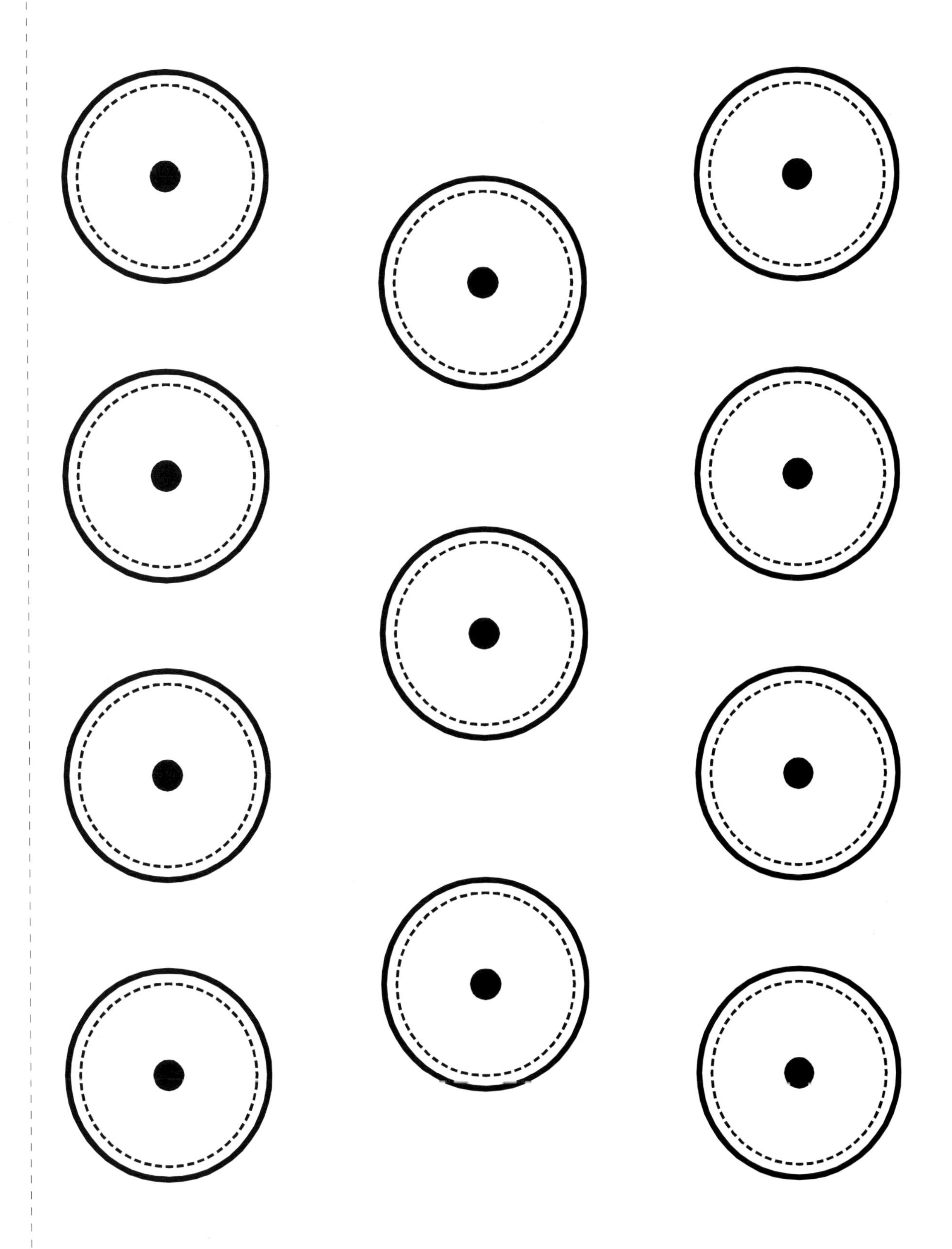

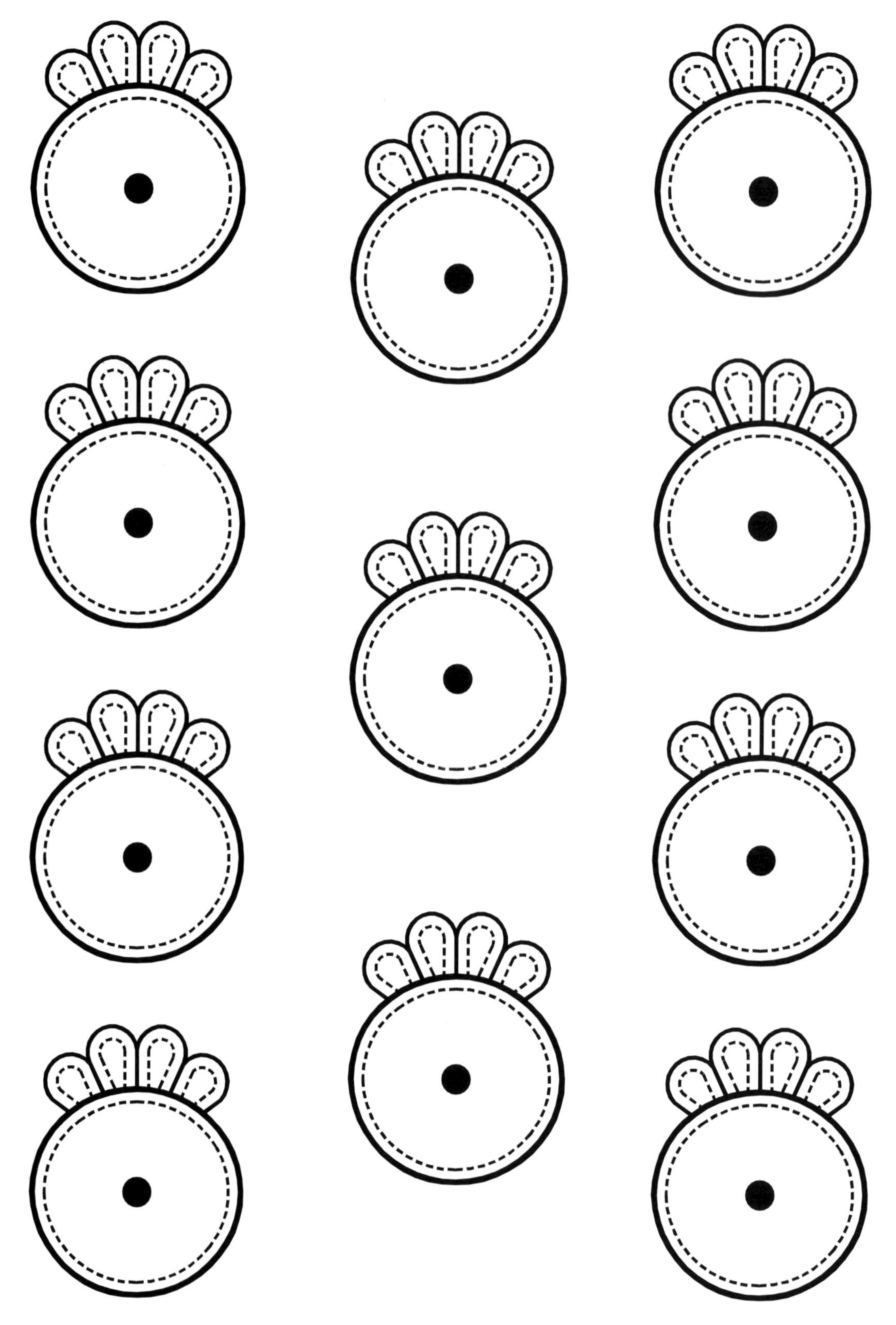